機械製図

CAD 作業

技能検定試験

1・2 級

実技課題と解読例

第3版

河合 優 著

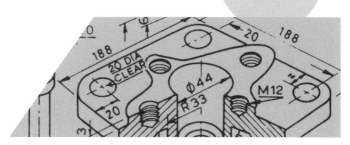

日刊工業新聞社

はじめに

　機械製図技能士（CAD作業）試験は、国家が認定する資格で、CADを使用して、組立図から指定された部品図を、JIS規格に基づいて制限時間内に作成する課題に取組むもので、設計者の総合的な図面作成能力が評価される。総合的能力とは、CADの操作能力に加えて、組立図から部品図を作成するための、JIS規格に基づいた図面作成能力、組立図に示された機能と役割から構成部品に要求される仕様、更に、対象となる部品を、短期間で安価に製作する仕様に基づいて、組立図を解読して部品図に描いていく能力などが求められている。

　本書では、第2〜4章に2級の、第5〜7章に1級の技能検定試験の実技課題を取り上げ、手順を追って解読法を解説している。第8章には1級の課題に含まれている計算問題を取り上げて、解読法を解説している。

　図面情報を作成する過程が手書きからCADに置き換えられ、三次元CADの情報を活用した金型製作過程の精度向上や、3Dプリンティングなどによる設計検証の迅速化等、CADの目覚ましい効果がものづくりの上流のいくつかの課題を解決してきた。CADの華々しい機能開発と課題解決への貢献は、関係者の認めるところであるが、活用分野の進展がひと段落しており、図面の形式で発行される情報の精度向上と、国際化への対応が新たな課題として見直されている。それに伴い、ISO（JIS）に準拠した図面を描く能力を評価する、唯一の資格試験である機械製図技能士試験受験者が増加傾向にある。

　技能検定の実技試験に向けて準備を始めた、設計者の皆さんや指導者の皆さんのために、平成30年7月に出版した「機械製図CAD作業技能検定試験　1・2級実技課題と解読例　第2版」を改訂し、平成30年度、令和元年度の技能検定の課題解説を加えて、本書を取りまとめた。大いに活用していただきたい。

目　　次

第7章 令和元年度の1級実技課題の解読例

第8章 1級課題の計算問題の解読例

第1章

機械製図技能検定試験

技能検定試験とは職業能力開発促進法に基づき、国の統一基準で能力判定するもので、130職種が実施されている。現在は500万人を超えた合格者がおり、確かな技能の証である。機械製図は昭和34年の検定制度発足時から実施されている伝統のある職種で、毎年新たな問題を作成する難しい状況の中、一定のレベルを維持し、継続されている。機械製図技能検定試験は、"JIS"規格に基づく図面作成能力を評価する、日本における唯一の製図能力評価試験で、機械やプラントの図面を描く業務に携わる技術者の製図能力を認定する国家資格である。製図能力に加えて課題図の平面図形を立体形状のイメージに組立てる能力、図面作成時に必要な機械構造的知識、加工法の知識、製作上の許容範囲を指示できる能力と、広範な設計的知識が求められる。

　検定試験においては「機械製図手書き作業」、「機械製図CAD作業」、「プラント配管製図作業」に分かれ、「手書き作業」「CAD作業」は同じ課題で、図面を描く手段が異なる。等級には、1級〜3級まであり、製図に取組む技術者が、通常有すべき技能の程度と位置づけられている。資格を取得するためには、技能士試験の実技試験と学科試験の両方の試験に合格することが必要である。経済活動がボーダレスとなり、正確な図面発行が課題となる中、図面を発行する技術者の必須要件として、製図技能士資格を規定している企業もあり、今後ますます重要な資格になると予想される。技能五輪はこの流れを汲む活動で、機械製図職種がそれに相当し、日本国内の大会が毎年行われ、国際大会は隔年開催となっている。

1-1　CADでの受験

　CADは図面を描く手段であり、作成する図面に求められる要求品質は、手書き図面とまったく同じであり、同じ評価基準で採点され、合否判定される。課題図から定規、コンパス、テンプレートなどを用いて読み取った寸法や図形情報と、日頃の技術活動や勉強で身につけた知識に基づいて、指定された解答図面をCADで描き、完成させる。課題図は、平面図形の組合せで「JIS B 0001

機械製図」を用いて描かれており、内容を把握するためには平面図形を立体の
イメージに組立てる能力に加え、JIS規格に関する知識が要求される。作図に
当たっては、CADを用いることから、CADの操作を十分に習得しておく必要
がある。作図情報の習得には製図規格や関連する工学知識が必要であり、どれ
だけCAD操作に長けていても解答図は作成できない。また、日頃使用してい
ないCADのシステムで受験する場合も、時間内に図面を完成できない。

　3次元CADを使用した受験が可能で、多くの受験者が3次元CADを使用し
て受験している。3次元CADは、対象物をソリットモデルとして定義し、ソリ
ットモデルに基づいて課題で指定された平面図形を描き、寸法やその他の指示
事項を記入し、決められた試験時間内に図面を完成させる。ソリットモデル作
成には相当の時間を要するが、立体形状が交差するときに表れる相貫線や穴の
奥に見える外形線が、3次元CADでは正確に表れる有利さはある。また、課題
図の形状解釈を誤るとソリットモデル上で成立しないことや、ソリットモデル
から課題図と同じ投影図を作り課題図の読み取りに関する問題点を探ることが
可能であるなど、2次元CADと比較して一長一短がある。

1-2　実技試験の概要

　ある機能を有する機械部品の組立図（1級がA1サイズ、2級がA2サイズ、3
級がA3サイズ）から、指定された部品の図形を描き、寸法、その他の指示事
項を記入して製作図面（1級がA1サイズの部品図を5時間、2級がA2サイズ
の部品図を4時間、3級がA3サイズの部品図を3時間）を制限時間内に完成
させる。

（1）1級
・溶接構造のフレームを有する組立図から、指定された部品の図形を描く。
　　令和元年の課題では、鋳物構造の部品が、課題に付加されている。
・寸法、寸法公差、表面性状の指示記号、幾何公差、溶接記号を記入する。
・機械設計に関する強度や歯車の軸間距離等の、計算問題が出題される。

・課題図に表れていない部位は、機械設計分野の知識から類推して描くことが要求される。

・JIS 規格に基づく正しい図形表現の能力と、組立図を解読する能力、さらに加工法に基づく制約条件に配慮する能力が求められる。

(2) 2級

・鋳物構造のフレームを有する組立図から、指定された部品の図形を描く。

・寸法、寸法公差、表面性状の指示記号、幾何公差を記入する。

・課題図に表れていない部位は、機械設計分野の知識から、類推して描くことが要求される。

・JIS 規格に基づく正しい図形表現の能力と、組立図を解読する能力、さらに、加工法に基づく制約条件に配慮する能力が求められる。

(3) 3級

・鋳物構造のフレームを有する組立図から、指定された部品の図形を描く。

・寸法、寸法公差、表面性状の指示記号を記入する。

・課題図に表れていない部位は、機械設計分野の知識から類推して描くことが要求される。

・JIS 規格に基づく正しい図形表現の能力と、組立図を解読する能力、さらに加工法に基づく制約条件に配慮する能力が求められる。

1-3 学科及び実技試験の範囲

「機械・プラント製図技能検定試験の試験科目及びその範囲並びにその細目」

(平成 19 年 2 月厚生労働省職業能力開発局編より抜粋)

1-3-1 学科試験の範囲

(1) 製図一般

・製図に関する日本工業規格

・製図用器具の種類及び使用方法

・用器画法図法

(2) 材料

・金属材料及び非金属材料の種類、性質及び用途

・金属材料の熱処理

(3) 材料力学一般

・荷重、応力及びひずみ

・はりのせん断力図及び曲げモーメント図

・はり及び軸における断面の形状と強さとの関係

・圧力容器圧

・熱応力

(4) 溶接一般

・溶接作業

(5) 関連基礎知識

・力学の基礎知識力学

・流体の基礎知識

・熱の基礎知識熱

・電気の基礎知識

・表面処理の基礎知識

・腐食及び防食の基礎知識

(6) その他

・機械製図法

・機械の主要構成要素の種類、規格、形状及び用途

・加工法

・工作機械の種類及び用途

・測定及び試験

・原動機等の種類及び用途

・電気機械器具の使用方法

・電気・電子部品の使用方法

・CAD に関する知識

1-3-2　実技試験の範囲

（1）機械製図手書き作業
・部品図の作成
・強度計算
・性能計算
・組立図の作成
・部品の選定
・類似設計

（2）機械製図 CAD 作業
・CAD による部品図の作成
・強度計算
・性能計算
・CAD による組立図の作成
・部品の選定
・類似設計
・CAD システムの管理
・ファイル及びデータの取扱い及び管理

第2章

平成 29 年度の 2 級実技課題の解読例
（平成 29 年度の 2 級課題より）

図2-1（巻末）に示した課題図は、過負荷安全装置の組立図を尺度1：2で描いてある。注意事項及び指示事項にしたがって、本体①（材料　FC250）の図形を描き、寸法、寸法公差、幾何公差、表面性状に関する指示事項等を記入し、部品図を作成する。

着眼点

① 　図の配置
② 　パッキンは境界
③ 　ねじの勘合部
④ 　形状と接続Rの方向
⑤ 　関連寸法

≪2-1　部品図作成要領（2級課題共通）

(1)　製図は、日本工業規格（JIS）の最新の規格による。

(2)　解答用紙は、A2サイズ横向きで、四周をそれぞれ10mmあけて輪郭線を引き、中心マークを設ける。

(3)　図を描く場合、課題図に表れていない部分は、他から類推して描く。

(4)　普通寸法公差を適用できない寸法の許容限界は、公差域クラスの記号で記入する。

(5)　課題図に示した寸法、寸法の許容限界等は、そのままの値を使用する。

(6)　普通公差は、鋳造に関してはJIS B 0403の鋳造公差等級CT8、機械加工に関しては普通寸法公差JIS B 0405の中級（記号m）、普通幾何公差はJIS B 0419の公差等級Kとする。

(7)　表面性状の指示はJIS B 0031を用い、図面の空白部に鋳肌面の表面性状を一括で示し、その後ろの括弧の中に機械加工面に用いる表面性状を記入する（大部分が同じ表面性状である場合の簡略指示）。鋳肌面の表面性状は、除去加工の有無を問わない場合の表面性状の指示記号を用い、表面粗さの

パラメータ及びその数値はRz200とする。機械加工面の表面性状は、それぞれ図形に記入し、Ra1.6、Ra6.3、Ra25のいずれかを用いて指示する。角隅の丸み及び45°の面取りは、表面性状の指示をしない。

(8) めねじ部の下穴深さは、JIS B 0001「機械製図」の深さ記号を用いないで、JIS B 0002-1「製図—ねじ及びねじ部品—第1部：通則」の「4.3 ねじ長さ及び止まり穴深さ」の図示表記による。

(9) 対称図形でも、指示のない場合は、中心線から半分だけ描いたり、破断線で図を省略したりしない。

2-2　課題図の説明

　課題図は、油圧シリンダの過負荷時に圧力を開放させる過負荷安全装置を尺度1:2で描いてある。過負荷の設定圧力は空気圧の調整で行われている。主投影図は、A-Aの断面図で示してある。右側面図はB-Bの断面図で、一部を破断して外形図で示してある。平面図は、Cから見た外形図で示してある。部分投影図は、Dから見た外形図で、据付座④の範囲内を示してある。矢示法投影図Eは、Eから見た外形図で、底部の蓋⑤の周辺を示してある。

　油圧シリンダに接続する過負荷安全装置は、オイルターミナル②に接続され、油圧を調整している。油圧は、規定の圧力以上に上昇するとピストン③が下降し、油圧が解放される。

　解放された油圧は、オイルターミナル②に設けられた油圧開放ポート、ねじ込み管⑨を通じて、油溜めに送られる。過負荷安全装置は、コンプレサ、空気タンクと接続された本体①、油圧シリンダ、油圧ポンプに接続されたオイルターミナル②、油圧を調整するピストンロット③、空気圧を調整するエアー調整ユニット⑦にて構成されている。油溜めに溜まった油は、給油パイプ⑧を経由して油圧ポンプへ回収される。

　本体①とオイルターミナル②、据付座④、蓋⑤、⑥は、六角ボルト⑩にて固定されている。⑪は六角穴付きボルト、⑫はプラグ、⑬、⑭はOリング、⑮、

⑯、⑰、⑱はパッキン、⑲は油面計、⑳はエアブリーザ、㉑は接続管付給油蓋、㉒、㉓は管継手である。

◇2-3◇ 指示事項

(1) 本体①の部品図を、第三角法により尺度1：2で描く。

(2) 図面の配置は図5-2（p.58）の配置で描く。

(3) 本体①の部品図は、主投影図、右側面図、平面図、局部投影図及び部分投影図とし、下記のa～jにより描く。

　a　主投影図は、課題図のA-Aの全断面図とする。

　b　右側側面図は、断面の識別記号を用いて課題図のB-B断面とする。

　c　平面図は課題図のCから見た外形図とする。

　d　局部投影図は、課題図のDから見た外形図とし、六角ボルト⑩、六角穴付きボルト⑪用のねじのみを描く。

　e　部分投影図は、右側面図の部分投影図とし、課題図のEから見た図を、蓋⑤の取付面及びめねじを描く。

　f　管継手㉒、㉓及び油面計⑲の取付座の形状は円形である。

　g　ねじ類は、下記のイ～トによる。

　　イ　六角ボルト⑩は、メートル並目ねじ、呼び径8mmである。これ用の下穴径は6.71mmである。

　　ロ　六角穴付きボルト⑪は、メートル並目ねじ、呼び径6mmである。これ用の下穴径は4.97mmである。

　　ハ　ねじ込み管⑨のねじ穴は、メートル並目ねじ、呼び径20mmである。これ用の下穴径は17.4mmである。

　　ニ　コンプレッサとの接続管の管継手㉒用のめねじは、管用平行めねじ呼び径1/4である。

　　ホ　空気タンクとの接続間の管継手㉓用のめねじは、管用平行めねじ呼び径3/8である。

　ヘ　油面計⑲用の取り合い部用のめねじは、管用平行めねじ呼び径 1/4
　　　である。

　ト　接続管付給油蓋㉑用のめねじは、管用テーパめねじ呼び径 3/8 であ
　　　る。

h　次の幾何公差を指示する。

　イ　据付座④の取り付く面をデータムとし、オイルターミナル②の取り
　　　付く面の平行度は、公差域が 0.01mm 離れた平行 2 平面にあること指
　　　示する。

　ロ　据付座④の取り付く面をデータムとし、オイルターミナル②の入る
　　　穴の軸線の直角度は、公差域が直径 0.01mm の円筒内にあることを指
　　　示する。

i　鋳造部の角隅の丸みは、R4 については個々に記入しないで、紙面の
　　右上に「鋳造部の指示のない角隅の丸みは R4 とする」と、注記で一括
　　指示する。

j　本体①とオイルターミナル②　のはめあいは、H8/h7 とする。

2-4　課題図の解読の進め方

着眼点①　図の配置

　解答図の作図に際して**図 2-2** に示した配置を、指示事項に示された尺度で作
図し、図形と寸法の配置計画で寸法記入スペースの検証を行う。**図 2-3** に配置
例（数値は尺度 1：2）を示す。CAD で受験する場合は、寸法記入時に図の配
置を修正して、寸法記入スペースを確保することが可能だが、それに付随して
修正箇所が発生する場合もあり、作図開始前に課題尺度の配置で、確認するこ
とを推奨する。この課題は上下方向のスペースが厳しく、左右スペースにゆと
りがある。配置図に示したように、表題欄を外して図を配置することにより、
寸法記入スペースを広く取り、紙面内に収めて配置することが可能になる。

　この課題では紙面の右上の部分に空きスペースがあり、ここに局部投影図や

図 2-2 図の配置指示

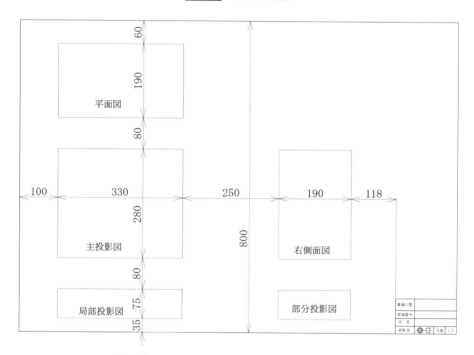

図 2-3 図の配置計画（寸法記入スペースを確保する）

部分投影図を配置すると、全体にスペースがゆったりとするが、検定のルールでは指示された配置に従った解答図の作成が要求されている。採点に関する事項は公開されていないが、指示されてない位置にある図及び、そこに記入され

た寸法などは採点されないと考えるべきである。

2-4-1　主投影図

「2-2　課題図の説明」では詳細の解説がされていないが、図 2-1（巻末）にある「油圧ポンプから」と示された配管が接続する部分に、油圧が供給されており「油圧シリンダへ」と示された配管へ接続されている（詳細は図示されていない）。油圧はピストンサブアッセンブリ③のロット部に加わっており、動作方向は図の下方である。「コンプレッサから」と示された配管が接続された空気圧室のピストン（O リング⑬がセットされた空気圧ピストン）の動作方向は図の上方である。通常時は油圧（下方）と空気圧（上方）の力関係は空気圧が大きく、ピストンサブアッセンブリはオイルターミナル②側に押し上げられている。**図 2-4** に示したように油圧が設定を上回ると、油圧側の力が大きくなり、ピストンサブアッセンブリ③は空気室に入り込んで、油圧側に油の通り道

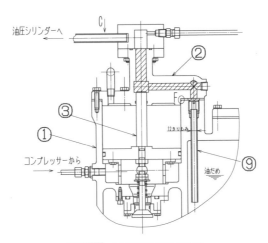

図2-4　過負荷時の油の流路

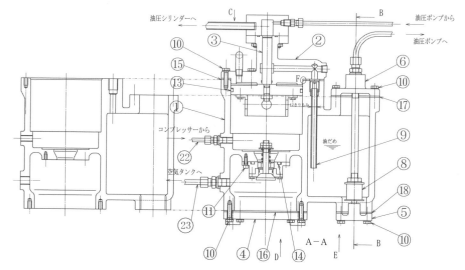

図2-5 主投影図の解読

（図2-4のハッチング部）ができ、ねじ込み管⑨を経由して油溜めに逃がされる。空気室はピストンサブアッセンブリが上下運動するシリンダの役割をする。同様に説明が省略されているのが、Oリング⑭でシールされて、六角穴付きボルト⑪で取り付けられているユニット⑦は、空気圧室にピストンサブアッセンブリ③が入り込んだ時に上昇する空気の圧力を、逃がす役割をする。

　主投影図は、課題図の断面位置と解答図の断面位置が同じで、**図2-5**に示したように、右側に示した組立図と左側の解答図を結んだ2点鎖線に示すように、描くべき部品図の境界を把握できれば、外周から描いていける。オイルターミナル②のはめあい部は、"F"に示した部分拡大図に基づいて描いていく。本体①と関連部品の境界は、パッキン⑮、⑯、⑰、⑱で区分されており、容易に判読できる。また、パッキンの合わせ面は、特に制約がなければ平面である。⑩に代表されるおねじとめねじの勘合部を、ねじ製図のルール"おねじ部品は、常にめねじ部品を隠した状態で示す"に基づいて描かれており、おねじを外し

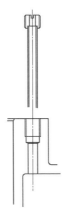

図 2-6　ねじ込み管の分解

た状態を解読し、めねじの図形を描く。**図 2-6** は部品⑨を示しており、過負荷時に逃がされた油が空気を巻き込まないようにする部品で、ねじに管を接続した形状をしており、分解するとねじと穴が現れる。この部分もおねじ優先で描かれており、線を解読してめねじを描く。

2-4-2　平面図

着眼点④　形状と接続 R の方向

　平面図は課題図の表現方法と、指示事項の表現方法が同じであり、**図 2-7** に示したように、外形及びねじ配置は、組立図から解読し、内部構造は解答図の主投影図から読み取る。

　「鋳造部の指示のない角隅の丸みは R4 とする」と指示するが、前提は "R4" で図形が描かれていることである。半径の図形は、3 方向から見た主投影図、平面図、右側面図のうちどこか 1 つの面にのみ描くことができる。図 2-7 の "A"、"B" に示したように、形状がかくれ線となるが省略しないで必ず描く。図 2-7 に示した主投影図で、角となる部位は平面視では円形となる。接続する 2 点鎖線で示したように、見落とさないで作図する。

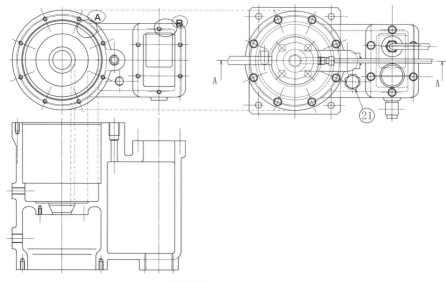

図 2-7 平面図の解読

2-4-3 右側面図

右側面図は課題図の表現方法と、指示事項の表現方法がほぼ同じであり、主投影図を描くときに解読した境界面で描くことができる。

本体①とオイルターミナル②の組合せ部は直径が大きい、その部分から一般径に絞られていく部分（**図 2-8** の "U"）に折れ線が描かれている。折れ線は接続Rの大きさだけ手前で止める原則に従い描かれており、"V"にあるように忠実に写し取る。また、"W" の部分は組立図ではエアブリーザー⑳に隠れて描かれていないが、同じ描き方をする。

2-4-4 局部投影図

局部投影図は**図 2-9** に示したように、指示事項に従って六角ボルト⑩と、六角穴付きボルト⑪用のめねじを描く。

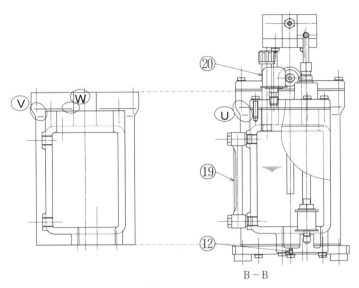

図 2-8　右側面図の解読

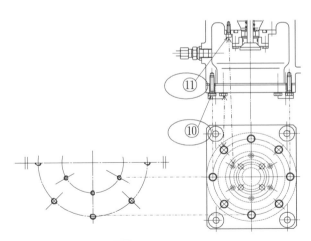

図 2-9　局部投影図の解読

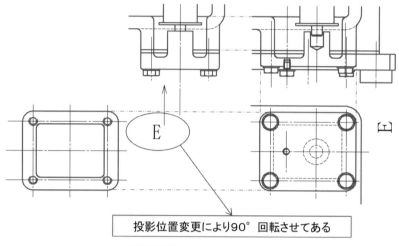

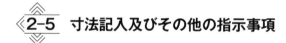

投影位置変更により90°回転させてある

図 2-10 部分投影図の解読

2-4-5　部分投影図

　部分投影図は**図 2-10**示したように、蓋⑤の取付面及び、めねじを描く。この時に図の方向に注意する。

◇◇◇ **2-5　寸法記入及びその他の指示事項**

2-5-1　主投影図

着眼点⑤　関連寸法

　主投影図の寸法記入を**図 2-11**に示した。この課題でははめあい部がオイルターミナル②のみで、ここが最も重要である。次に、ピストン③のストロークエンドを決める面の寸法、2つの空気室の距離寸法と考えられる。図中に"Z"で示した。

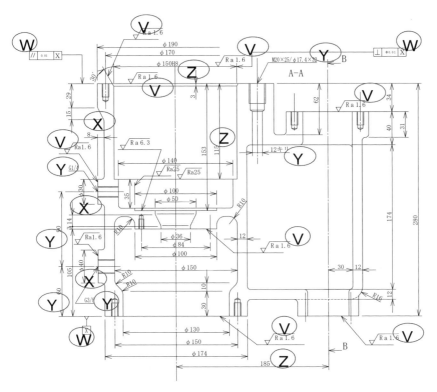

図2-11　主投影図の寸法

　ねじ及び関連寸法は"Y"で示した、空気圧操作系㉒、㉓の取付けねじ及び、ねじ込み管⑨組付け用のねじであり、関連寸法を同じ図形に記入できる図形に記入する。

　ねじ加工面に関する寸法は"X"で示した、空気圧操作系㉒、㉓の取付け座面の寸法である。

　幾何公差に関する指示は"W"で示した、2か所の幾何公差と、1か所のデータムである。幾何公差とデータムは同じ図形に記入すると理解しやすい図となる。

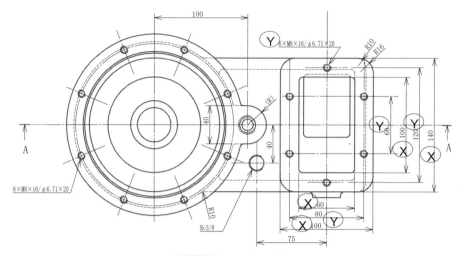

図 2-12 平面図の寸法

　図中に"V"で示したはめあい及びパッキンの合わせ面の表面性状は、"Ra1.6"を指示する。

2-5-2　平面図

　平面図の寸法記入を**図 2-12** に示した。図中に"Y"で示したのは、蓋⑥を取りつけるめねじ及びねじの配置寸法である。"X"で示したのはめねじを加工する面に関する寸法である。これらの寸法を同じ図形に描くことにより、寸法の記入漏れを防ぐことができる。

2-5-3　局部投影図

　図 2-13 に示したように、ねじ指示とねじの配置寸法は同じ図形に記入する。

2-5-4　部分投影図

　図 2-14 に示したように、ねじ指示、ねじ配置、ねじ加工面に関する寸法は

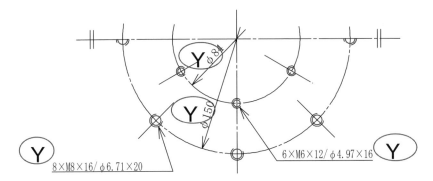

図 2-13 局部投影図の寸法

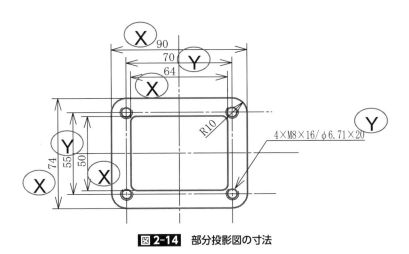

図 2-14 部分投影図の寸法

同じ図形に記入する。

2-6 解答図

図 2-15（巻末）に解答図の例を示す。

第3章

平成30年度の2級実技課題の解読例
(平成30年度の2級課題より)

図3-1（巻末）に示した課題図は、ウォーム減速装置の組立図を尺度1:1で描いてある。

　注意事項及び指示事項にしたがって、本体①（材料　FC250）の図形を描き、寸法、寸法公差、幾何公差、表面性状に関する指示事項等を記入し、部品図を作成する。

① はめあい形状は側面図から読み取る

② はめあいは円筒形の組合せであり、
　　　　側面形状の稜線から円筒形状を描くことができる。

③ 断面図は"線を読まない"、機能と役割で解読する

④ かくれ線の描き方

⑤ 止まり穴と軸受は軸受の変形を理解する

⑥ 直径寸法記入の注意点

 **3-1　部品図作成要領**

部品図作成要領は平成29年度と同様であり、2-1項を参照する。

 **3-2　課題図の説明**

　課題図は、ウォーム減速装置の組立図を尺度1:1で描いてある。

　主投影図は、Aから見た外形図で、破断線を用いて下側をB-Bの断面図で示してある。

　右側面図は、Cから見た外形図で、ウォームホイール軸⑤の中心線から上側を、破断線を用いてD-Dの断面図で示してある。

　平面図は、Eから見た外形図でウォーム軸③の中心線から上側のみを示している。また、破断線を用いて一部をF-Fの断面図で示してある。

本体①は、材質FC250の鋳鉄品で、必要な部分は機械加工されている。

電動機（図示していない）からの回転力は、キーを介してウォーム軸③に伝えられ、ウォームホイール軸⑤を回転させて伝動する。ウォーム軸③は、本体①と軸受カバー②に組込まれたアンギュラ玉軸受⑧に支えられて回転する。ウォームホイール軸⑤は、本体①と軸受カバー④に組込まれたアンギュラ玉軸受⑨に支えられて回転する。⑥はねじプラグ、⑦はロックナット、⑩、⑪はオイルシール、⑫はOリング、⑬、⑭は取付ボルト、⑮は給油プラグ、⑯は排油プラグである。

◇3-3 指示事項

(1) 本体①の部品図を、第三角法により尺度1：1で描く。

(2) 図面の配置は**図 3-2**の配置で描く。

(3) 本体①の部品図は、主投影図、左側面図、下面図、部分投影図とし(2)の配置で下記のa〜iにより描く。

   a 主投影図は、課題図のAから見た外形図とし、ウォームホイール軸⑤の中心軸から下側は、課題図のB-B断面とする。

   b 左側側面図は、課題図のG-Gの断面図とする。

   c 下面図は、課題図のHから見た外形図とし、ウォーム軸③の中心軸から下側を描き、中心線から上側は破断線を用いて省略する。

   d 部分投影図は、課題図のCから見た図とし、軸受カバー②の取付面（はめあい部分を含む）とねじに関してのみを、対称図示記号を用いて中心線から右側のみを描く。

図3-2 解答図の配置指示

e　ねじ類は、下記による。

　イ　ねじプラグ⑥のねじは、メートル細目ねじ、呼び径 64mm、ピッチ
　　1.5mm である。

　ロ　軸受カバー②の取付ボルト⑬のねじは、メートル並目ねじ、呼び径
　　8mm である。これ用のめねじの下穴径は、6.71mm である。

　ハ　軸受カバー④の取付ボルト⑭のねじは、メートル並目ねじ、呼び径
　　8mm である。

　ニ　本体①の取付ボルト（図示していない）の入るボルト用のキリ穴は
　　直径 12mm で、黒皮面には、直径 24mm、深さ 1mm のざぐりを指示
　　する。

　ホ　給油プラグ⑮のねじは、メートル並目ねじ、呼び径 16mm である。

　ヘ　廃油プラグ⑯のねじは、管用テーパねじ呼び径 1/4 である。これ用
　　のめねじは管用テーパねじとする。

f　アンギュラ玉軸受⑧の呼び外径は、直径 55mm である。

g　アンギュラ玉軸受⑨の呼び外径は、直径 62mm である。

h　下記のより幾何公差を指示する。

　イ　軸受カバー②の入る穴の軸線をデータムとし、アンギュラ玉軸受⑧
　　の入る穴の軸線の同軸度は、公差域が 0.05mm である事を指示する。

　ロ　軸受カバー④の入る穴の軸線をデータムとし、アンギュラ玉軸受⑨
　　の入る穴の軸線の同軸度は、公差域が 0.05mm である事を指示する。

　ハ　軸受カバー④の入る穴の軸線及び、アンギュラ棚軸受⑨の入る穴の
　　軸線をデータムとし、軸受カバー④の取付面は、公差域が 0.1mm であ
　　る事を指示する。

i　鋳造部の角隅の丸みは、R3 については個々に記入しないで、紙面の
　右上に「鋳造部の指示のない角隅の丸みは R3 とする」と、注記で一括
　指示する。

3-4　課題図の解読の進め方

3-4-1　主投影図

着眼点①	はめあい形状は側面図から読み取る

着眼点②	はめあいは円筒形の組合せであり、側面形状の稜線から円筒形状を描くことができる。

着眼点③	断面図は"線を読まない"、機能と役割で解読する

着眼点④	かくれ線の描き方

　ホイール軸⑤の中心軸から上側のＡから見た外形図を描く場合に、課題図の右側面図の軸受カバー④、取付ボルト⑭、軸受⑨、⑧、油密シム（品番なし）を分離すると、図 3-3 に示した構造で、投影方向から見える稜線（"イ"～"ニ"を順に描いて軸受カバー④のはめあい部ができあがる。"ロ"は、はめあい部の面取り線である。はめあい部の面取り線は、組立図に描かれていなくても必ず描く。図 3-4 に示したように"ホ"～"リ"は軸受⑨とのはめあい部で、課題

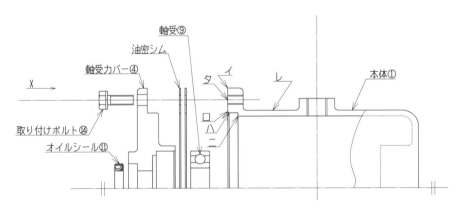

図 3-3　主投影図の解読Ⅰ（軸受カバー④の周辺）

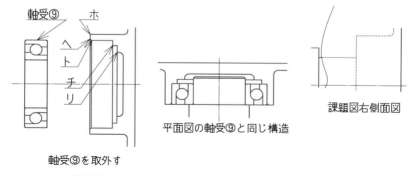

軸受⑨　ホ　ヘ　ト　チ　リ

軸受⑨を取外す

平面図の軸受⑨と同じ構造

課題図右側面図

図3-4　主投影図の解読Ⅱ（本体①の軸受⑨のはめあい部）

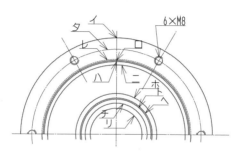

タ　イ　レ　ロ　6×M8　ハ　ニ　ホ　ト　ヘ　チ　リ

図3-5　主投影図Ⅰ（中心線 F–F より上側）

図の平面図に示されており、主投影図の方向に変換して解読する。**図3-5**に示したフランジにかくれて見えない“レ”を表す線も、課題図の主投影図にかくれ線で示してあり、部品図にも描く。かくれ線を描くか判断に迷った場合は、課題図と同じにする。ウォームホイール軸⑤の中心軸から下側は、課題図のB–B面を描く。**図3-6**に構成部品を分解して示したが、課題図の主投影図のウォーム軸③周辺を分離解読して、残った形状をそのまま描く。**図3-7**に示したかくれ線が途中で消えている個所は、省略してあるのか、そこで消えているのかを正しく解読する。省略の場合はかくれ線が消える位置は、厳密でなくてよいが、4本を同じ長さで描く。消える場合は正しい位置を読み取って描く。今

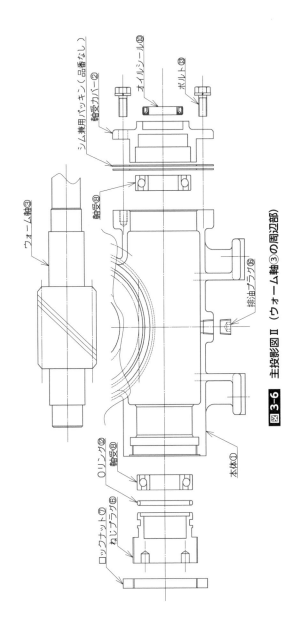

図 3-6 主投影図 II（ウォーム軸③の周辺部）

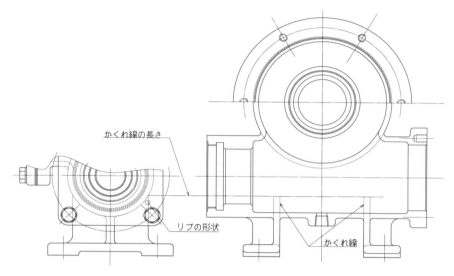

かくれ線の長さ

リブの形状

かくれ線

図3-7 主投影図＆かくれ線の解説

回は消えるケースで消える位置を正しく読み取って描く。分離解読は部品の形状が円筒形を基本にできていることを理解すると容易にできるようになる。

3-4-2 左側面図

課題図のG-G断面のうち、**図3-8**に示した様に、出力軸⑤の中心線から上は、解答図の主投影図から描くことができる。主投影図を描くときに行った、右側面図の分離解読を、左右反転して解読してもよい。主投影図の"A"〜"H"は左側面図に、課題図の右側面図と組み合わせて解読する。中心線から下の"A"〜"H"も同様の形状であるが軸受⑧を組付ける部位の形状は別途解読する。給油プラグ用のめねじは分離解読して描く。

図3-9に示したように、出力軸⑤の中心線から下は解答図の主投影図から読み取る。L部は、アンギュラ玉軸受⑧用の軸受カバー②の、はめあい穴で左側面図では円形となる。N部軸受カバー②を組付けるためのフランジ構造で、図

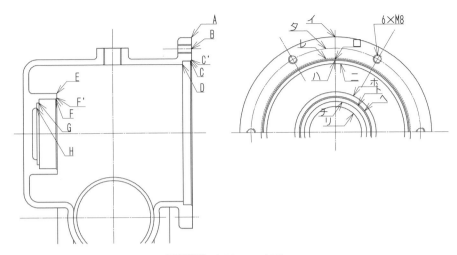

図3-8　左側面図の解読Ⅰ

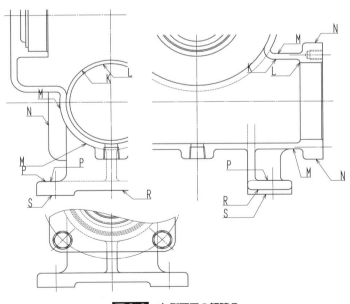

図3-9　左側面図の解読Ⅱ

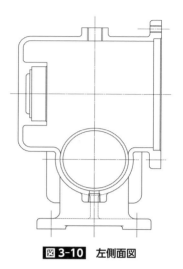

図3-10 左側面図

3-9の下部に示した形状で、M部に隠れて周辺部だけが現れる。M部はN部の
フランジ形状とウォームホイールを収納する上部構造をつなぐ円筒形状であり、
左側面図ではL部と同心円となる。K部はM部の内側形状で同心円となる。P、
R、S部は脚部で、図3-9の下部に示されている。ただし矢視方向が逆になるこ
とに注意する。

　図3-10 に左側面図を示す。

3-4-3　下面図

　課題図には平面図が示されており、解答図は下面図を要求している。**図3-
11** に示したように、平面図のT部は主投影図でT'部に示されており、下面図
ではT"部にある形状となる。平面図のU部は脚部で主投影図ではU'部に示さ
れており、下面図ではU"部にあるように一部がかくれ線となる。V部は軸受
カバー②を組付けるフランジ形状で、主投影図ではV'部に示されており、下
面図ではV"部にあるようになる。主投影図のW'部の排油プラグ用のねじ部は、
下面図ではW"部にあるようになる。

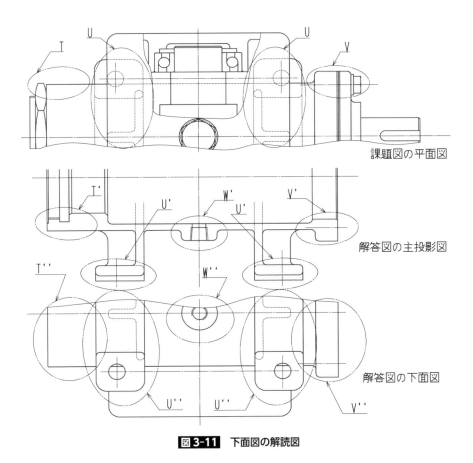

課題図の平面図

解答図の主投影図

解答図の下面図

図3-11　下面図の解読図

3-4-4　部分投影図

　部分投影図は、**図3-12**に示したように、主投影図から描くことができるが、判断に迷ったら、課題図の右側面図の下部を参考にするとよい。

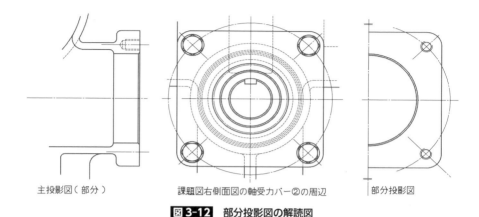

主投影図（部分）　　　　　　課題図右側面図の軸受カバー②の周辺　　　　　部分投影図

図 3-12 部分投影図の解読図

3-5　寸法記入などの解説

着眼点⑤　止まり穴と軸受は軸受の変形を理解する

着眼点⑥　直径寸法記入の注意点

　図 3-13（巻末）に解答図の例を示した。ここに示したイ～リを解説する。

イ　共通データムはデータム記入枠を広げて、２つのデータム記号を"―"
　で結ぶ。

ロ　部分投影図は基準となる図形と中心線などで接続する。

ハ　ロックナット⑦の締付ねじの不完全ネジ部を作らないように、予めバイ
　トの逃がし形状を作る。

ニ　逃がし形状を作ると平面部が出来る。表面性状の指示を忘れない。

ホ　ロックナット⑦の当たり面積を小さくするように指示されている。見落
　としをしない。

ヘ　ホ部にも表面性状の指示を忘れない。

ト　止まり穴に転がり軸受を組付ける場合、スラスト荷重が加わった時の変
　形により、軸受の内輪が内壁と擦れて"かじり現象"が発生することを防止

する形状である。内容を理解すると図面の読む段階での見落としが少なく
なる。

チ　直径寸法の寸法線は中心点で止めない。中心点で止めると半径の寸法線
となる。

リ　2 つの異なる意味の中心線が同じ位置に来た場合は、意識して 1 本につ
なげない。

第4章

令和元年度の2級実技課題の解読例
(令和元年度の2級課題より)

課題図は、**図4-1**（巻末）に示した、傾斜回転テーブル用減速機を尺度1：2で描いてある。注意事項及び指示事項にしたがって、課題図中のケーシング①（材料 FC250）の図形を描き、寸法、寸法の許容限界、幾何公差、表面性状に関する指示事項等を記入し、部品図を完成させる。

着眼点
① 作図対象を見分ける
② 鋳造品の板厚は均一
③ 部品を見分ける
④ 構造を読み間違えない
⑤ 勘合したねじの表し方
⑥ （SR）指示

◈◈4-1 部品図作成要領

部品図作成要領は平成29年度と同様であり、2-1項を参照する。

◈◈4-2 課題図の説明

課題図は、傾斜回転テーブル用の減速機を尺度1：2で描いたものである。
主投影図は、P–Q–R–Sの断面図で、一部は破断線を用いてウォーム③部を示している。右側面図は、Zから見た外形図で、一部は破断線を用いてC–Dの断面図で示している。左側面図は、J–B–L–M–Nの断面図で示している。なお、J–B間及びB–L間は、回転移動して実際の距離で投影している。下面図は、E–Eの断面図で据付台への取付部の主要部を示している。部分投影図は、傾斜回転テーブル用軸受支え部を、外形図で示してある。ケーシング①は材料 FC250の鋳鉄品で、必要な部分は機械加工されている。間欠回転モータ（図示されていない）から入力された回転は、ウォーム③、ウォームホイル④で減速後、平

歯車⑤、⑥、⑦、⑧に伝達され、かさ歯車⑨、⑩によって直角方向に変換し、出力軸⑪に取り付けられた傾斜回転テーブルを、回転させる。なお、軸受類はすべてシールド付き軸受を用いている。

　②はケーシングカバー、⑫は取付ボルト、⑬は平行ピン、⑭、⑮、⑯は取付ボルト、⑰は排油プラグ、⑱は油面計、⑲は軸受カバー、⑳は取付ボルト、㉑、㉒、㉓は深溝玉軸受、㉔は軸受支えである。

◈4-3 指示事項

(1) ケーシング①の部品図は、第三角法により尺度1：2で描く。

(2) ケーシング①の部品図は、部品の照合番号を含めて、**図4-2**の配置で描く。

(3) ケーシング①の部品図は、主投影図、左側面図、右側面図、下面図、局部投影図及び部分投影図とし、上の図の配置で次のa～jで描く。

　a　主投影図は、課題図のXから見た外形図とする。

　b　左側面図は、課題図のYから見た外形図とする。

　c　右側面図は、断面の識別記号を用いて課題図のA-B-C-Dの断面図とする。

　d　下面図は、課題図のWから見た外形図とする。

　e　局部投影図は、右側面図の面Sの局部投影図とし、取付ボルト⑳のねじに関してのみ描く。

　f　部分投影図は、主投影図に対する部分投影図とし、軸受支え㉔の取付

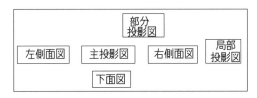

図4-2 解答図の配置

面のみを描く。

g　ねじ類は、下記による。

　イ　六角穴付きボルト⑫は、メートル並目ねじ、呼び径 8mm である。これ用のめねじの下穴径は、6.71mm である。

　ロ　平行ピン⑬は、呼び径 6mm である。これ用の穴は、リーマ加工とし、相手物と合わせ加工を指示する。

　ハ　六角穴付きボルト⑭、⑮は、メートル並目ねじ、呼び径 5mm である。これ用のめねじの下穴径は、4.18mm である。

　ニ　六角穴付きボルト⑯は、メートル並目ねじ、呼び径 12mm である。これ用のめねじの下穴径は、10.2mm である。

　ホ　排油プラグ⑰のねじは、管用テーパねじ呼び径 3/8 である。これ用のめねじは管用テーパめねじとする。

　ヘ　油面計⑱の入る穴は、Φ20H7 とする。

　ト　六角穴付きボルト⑳は、メートル並目ねじ、呼び径 5mm である。これ用のめねじの下穴径は、4.18mm である。なお、六角穴付きボルト⑳に関する指示は、面Ｓの局部投影図に記入し、その他の２面については、それぞれ該当する面に、「ねじ穴に関する寸法は面Ｓと同一」である旨を記入する。

h　深溝玉軸受㉑、㉒、㉓の呼び径は、直径 32mm である。

i　次の幾何公差を指示する。

　イ　ケーシングカバー②の取付面をデータムとし、深溝玉軸受㉑、㉒、㉓の入るそれぞれの穴の軸線の直角度は、その公差域が直径 0.02mm の円筒内にある。

　ロ　ケーシングカバー②の取付面の平面度は、その公差域が 0.03mm 離れた平行二平面の間にある。

j　鋳造部の角隅の丸みは、R5 についてのみ個々に記入せず、紙面の余白に「鋳造部の指示のない角隅の丸みは R5 とする」と注記で一括指示する。

4-4　課題図の解読の進め方

4-4-1　主投影図

着眼点①　作図対象を見分ける（鋳物の一般形状から描いてゆく）
着眼点②　鋳造品の板厚は均一
着眼点③　部品を見分ける（ウォーム軸③の軸受支え（品番なし）はケーシングカバー②の構成品）

　図 4-3 に示した、課題図の主投影図に、解答図の主投影図の最外形がほぼ示されており、それをたどっていくことにより解答図の外周は完成する。最上面は鋳肌が最外形で、内側 "N 部" の形状もそのまま読み取ることができる。左側はボルト⑭で取付けられた点検口（品番なし）と、油面計⑱の取付面が切削加工されている。左側の鋳肌面 "M 部" の外形線は課題図に示されている。内側の形状 "N 部" の続きで歯車⑥及び⑦を支える軸（品番なし）の中心線から上は実線で図示されている。中心線から下の形状 "N' 部" はかくれ線で示されており、それを実線で描く。ボルト⑫用のめねじ部の形状をないものとし、鋳物の板厚一定の考えを入れると、形状の理解が容易になる（以下同様）。下面はボルト⑯で取り付けられた据付台（品番なし）を取外した部分が最外形となる。ケーシングカバー②を取付ける面と、据付台を取付ける部分の高さの違いからできる "J 部" の形状を見落とさないように注意する。

　ここから上部へ解読を進めるときに、**図 4-3** の "要注意部分" と記したウォーム軸及び軸受関係は、ケーシングカバー②を描いたものであり、**図 4-4** に詳しく解説してある。ここでつかまって考え込むと、大きな時間的なロスが発生する。ケーシング①は図中右側の最外形線と、内側の "N' 部" かくれ線を実線で描く。ここから先は課題図に示されており、そこに傾斜部の形状線を描く。**図 4-5** に主投影図の一般部の内外形線を示した。

　図 4-5 にボルト⑫用のねじに関する形状及び、平行ピン⑬に関する形状を追

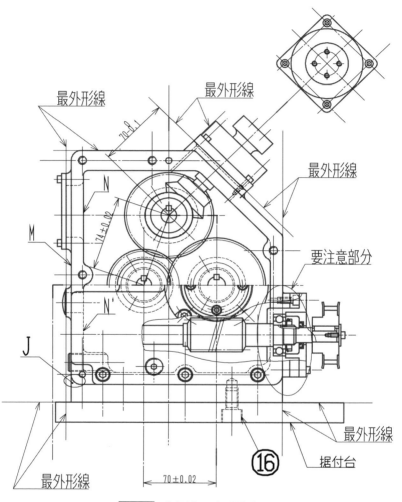

最外形線
最外形線
最外形線
70-0.1
N
M
124+0.02
要注意部分
N'
J
最外形線
最外形線
16
据付台
70±0.02

図 4-3 主投影図の解読補助図 I

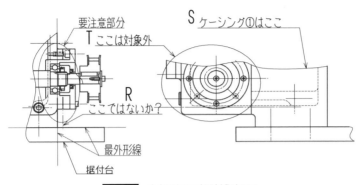

図4-4 主投影図の解読補助図Ⅱ

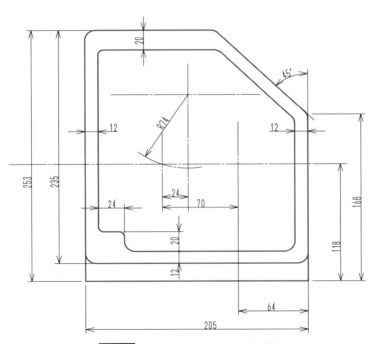

図4-5 主投影図の一般部の内外形線

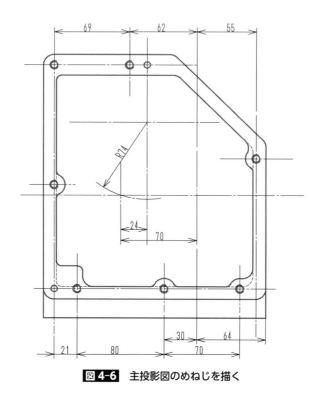

図 4-6 主投影図のめねじを描く

記し、それによりかくれ線となる内側の線をかくれ線にすると、**図4-6**ができ
あがる。

　図4-6に、ボルト⑭で取付けられた点検口のふた（品番なし）の取付面と取
付めねじ、油面計⑱の取付面と取付穴、軸受支え㉔の取付面の形状とはめあい
穴と取付めねじを追記する。深溝玉軸受㉓（課題図の右側面に記載）、㉑、㉒
（課題図の左側面図に記載）の取付穴及び取付ボルト⑳用のめねじの図と、排
油プラグ用の管用ねじを追記すると、**図4-7**に示した主投影図が完成する。図
4-7には、軸受支え㉔を組付ける部分の部分投影図も示している。

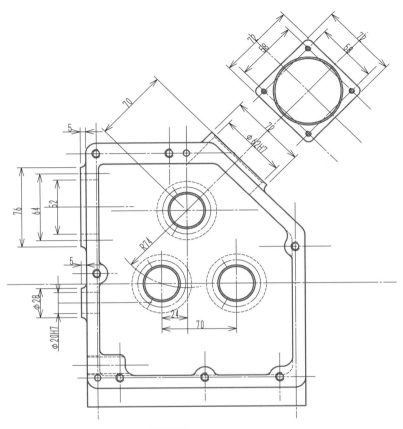

図4-7　主投影図完成

4-4-2　左側面図

　図4-8に示した課題図の左側面図にあるように、鋳物の線"K部"を実線で、"L部、L'部"をかくれ線で、追跡して描いてゆくが、課題図から読み取るよりも、図4-9に示したように、できあがった解答図の主投影図から読み取ると、

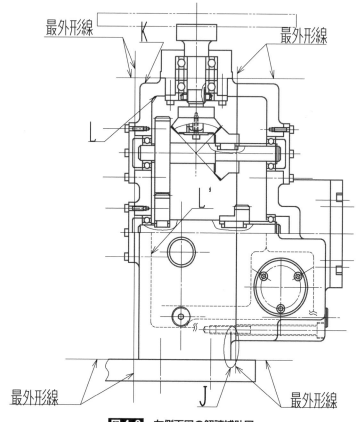

最外形線　　K　　　　最外形線

L

L'

最外形線　　　　J　　　　最外形線

図4-8　左側面図の解読補助図

より容易に読み取れる。ここに示した "J部" は据付台（品番なし）取付部の
形状から、ケーシングカバー②の取付部の形状に変わる部分で平面の延長線が
現れることを示している。

　図4-10 に示したように、軸受支え㉔を取付ける面と、勘合穴は45度の楕
円形状を含む図となる。ただし、勘合穴の内側の稜線は簡略して表しており、
単純な楕円形ではない。

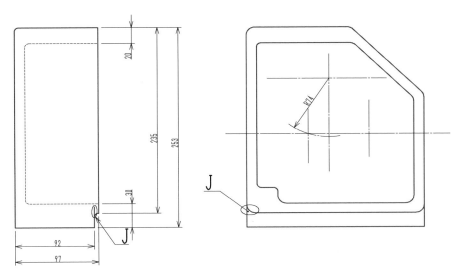

図 4-9　主投影図から左側面図を解読 I

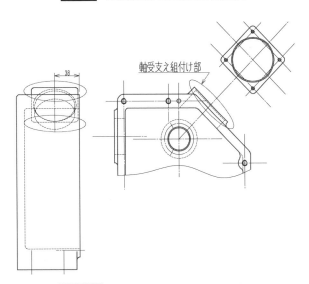

図 4-10　主投影図から左側面図を解読 II

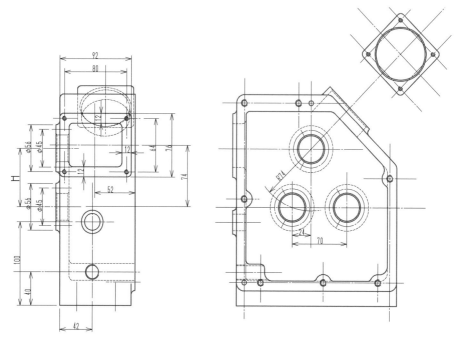

図4-11 主投影図から左側面図を解読Ⅲ

図4-11に示したように、ボルト⑭で取付けられた点検口（品番なし）と、油面計⑱の取付面と排油プラグ用管用ねじ、及び深溝玉軸受㉑、㉒の関連図形を描いて、左側面図は完成する。

4-4-3 右側面図

図4-12に示したように、右側面図の範囲は外形線で示した範囲で、描き方は"A-B-C-D"の断面図で、課題図の右側面図より描くことができる。**図4-13**に示したように、解答図の主投影図に"A-B-C-D"の切断線を描くと理解が容易になる。図4-13にあるように基本の鋳物形状を描き、**図4-14**に示した、ボルト⑫用のねじに関する形状及び、平行ピン⑬に関する図形を描く。この部

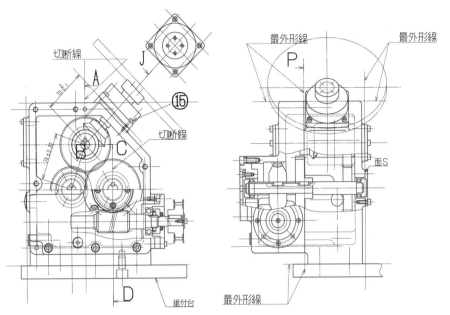

図4-12　右側面図の解読補助図

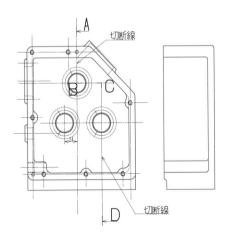

図4-13　主投影図から右側面図を解読する図Ⅰ

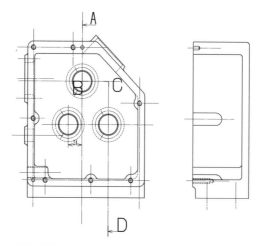

図 4-14 主投影図から右側面図を解読する図Ⅱ

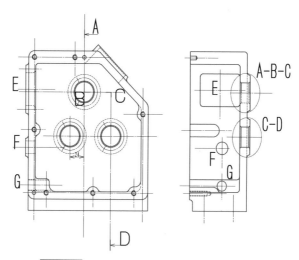

図 4-15 主投影図から右側面図を解読する図Ⅲ

分は、課題図の右側面図に関連の形状が描かれている。**図 4-15** に示したように、深溝玉軸受㉒を組付ける "E 部" の中心線から上側は "A-B-C" を実線で、下側は "C-D" の断面となりかくれ線で表す。深溝玉軸受㉑を組付ける "E 部" は "C-D" の断面となり実線で表す。"F 部" に油面計⑱を組付ける穴、"G 部" に排油プラグ⑰を組付ける穴を描き、右側面図ができあがる。

4-4-4　下面図

着眼点⑤　勘合したねじの表し方

　図 4-16 に示す様に課題図の "E-E" 断面に示された図から、ケーシングカバー②、ボルト⑭で取付けられた点検口（品番なし）と、油面計⑱を取除くと下面図ができあがる。ただし、ボルト⑯用のねじは課題図では組立図でおねじ

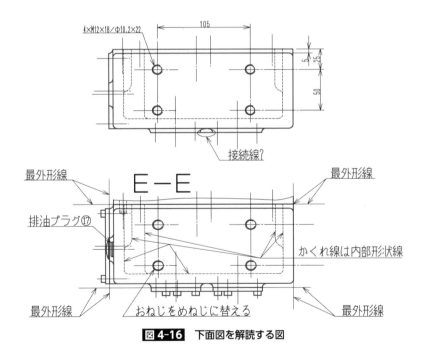

図 4-16　下面図を解読する図

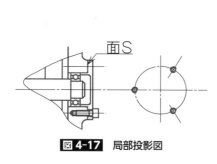

図4-17 局部投影図

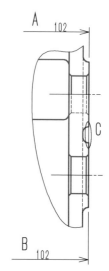

図4-18 寸法記入解説図Ⅰ

が描かれているが、めねじを描く。深溝玉軸受⑳と㉑を組付ける部分の形状の間が実線で接続されている。これは深溝玉軸受㉓を組付ける部分の形状が見えるもので、課題図にあるように描く。かくれ線で表れているのは鋳物形状の内側の線であり、見落とさないで描く。

4-4-5　局部投影図

図4-17にある局部投影図はそのまま写し取る。

4-4-6　寸法記入等

着眼点⑥　（SR）の表し方

図4-18に表した"A、B"二つの寸法と"C"の接続線の関係は、"A＋C"又は"B＋C"が描いてあれば正解で、"C"の接続線は図示した二つの形状の寸法が同じであることを表している。"C"の接続線を描いて、"A、B"二つの寸法を記入してはいけない。

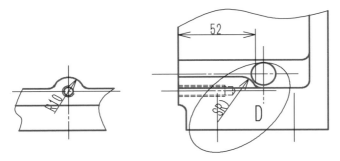

図4-19　寸法記入解説図Ⅱ

　図4-19に表した"D部"の（SR）はボルト⑫用のネジ部の形状寸法"R10"長さ52mmで先端が球状になっている。ここで"SR10"と記入すると、ねじ部の"R10"と重複寸法となることから、（SR）と記入する。

4-4-7　解答図

　図4-20（巻末）に解答図の例を示す。

第5章

平成 29 年度の 1 級実技課題の解読例
（平成 29 年度 1 級課題より）

課題図は、巻取り機の組立図を尺度1:2で描いてある。

注意事項及び指示事項にしたがって、**図5-1**（巻末）の課題図中の本体（上）①（①-1〜①-8）で構成されている鋼材（SS400）溶接組立品）及び本体（下）②（②-2〜②-5）で構成されている鋼材（SS400）溶接組立品）を組み合わせた状態で描き、寸法、寸法の許容限界、幾何公差、表面性状に関する指示事項及び溶接記号等を記入し、部品図を完成させる。

|着眼点|

① **右側面図から左側面図を描く**

② **側面図から部分断面部の外形図を描く**

③ **本体に組付いた部品を外した図形**

④ **キープレートの使い方**

⑤ **描く部材を把握する**

⑥ **平面部分の表し方**

⑦ **穴基準はめあい**

⑧ **共通公差域**

≪5-1 部品図作成要領（1級課題共通）

(1) 製図は、日本工業規格（JIS）の最新の規格による。

(2) 解答用紙は、A1サイズ横向きで、四周をそれぞれ20mmあけて輪郭線を引き、中心マークを設ける。

(3) 図を描く場合、課題図に表れていない部分は、他から類推して描く。

(4) 普通寸法公差を適用できない寸法の許容限界は、公差域クラスの記号で記入する。

(5) 課題図に示した寸法、寸法の許容限界等は、そのままの値を使用する。

(6) 普通公差は、板金加工に関してはJISB0417のA級、機械加工に関しては、普通寸法公差JISB0405の中級（記号m）、普通幾何公差はJISB0419

の公差等級Kとする。

(7)　表面性状の指示はJISB0031を用い、図面の空白部に、板金及び溶接面
（黒皮面）の表面性状を一括で示し、その後ろの括弧の中に機械加工面に
用いる表面性状を記入する（大部分が同じ表面性状である場合の簡略指示）。
板金及び溶接面（黒皮面）の表面性状は、除去加工の有無を問わない場合
の表面性状の指示記号を用い、表面粗さのパラメータ及びその数値は
Rz200とする。機械加工面の表面性状は、それぞれ図形に記入し、Ra1.6、
Ra6.3、Ra25のいずれかを用いて指示する。角隅の丸み及び45°の面取り
は、表面性状の指示をしない。

(8)　めねじ部の下穴深さは、JISB0001「機械製図」の深さ記号を用いないで、
JISB0002-1「製図—ねじ及びねじ部品—第1部：通則」の「4.3 ねじ長さ及
び止まり穴深さ」の図示表記による。

(9)　溶接の指示は、別に示した内容を、溶接の種類、寸法等は溶接記号で指
示する。

(10)　対称図形でも、指示のない場合は、中心線から半分だけ描いたり、破断
線で図を省略したりしない。

◆◆ 5-2　課題図の説明

　図5-1（巻末）に示した課題図は、アルミ箔等をスプールに巻き取る装置を
尺度1：2で描いてある。主投影図は、Xから見た外形図で、回転軸③の中心
から下側の一部を、E-Eの断面図で示している。右側面図は、Yから見た外形図
で、一部を部分断面図で示している。また、Vから見た外形図を部分投影図で
示している。平面図は、Zから見た外形図で示している。

　本体（上）①と本体（下）②は、鋼材（SS400）からなり、溶接組立後、焼
きなましの上、機械加工されている。

　この装置は、コーンヘッド⑦のテーパ部をスプールに押し込んで、その摩擦
力でスプールに回転を与え、アルミ箔等を巻き取る。コーンヘッド⑦は、回転

軸③に取付けられている。回転軸③は、転がり軸受⑬、⑭によりスリーブ④支えられており、角型スプラインの軸端より回転が与えられる。回転支持軸付油圧シリンダ⑨の推力は、部品⑩及び部品⑪からなるリンク機構とプレート⑤を介してスリーブ④に伝達される。プレート⑤は、スリーブ④にボルトにより取付けられ、同時に転がり軸受⑬の外輪を固定している。また、転がり軸受⑭の外輪は、軸受押え⑧で固定されている。スリーブ④は、本体（上）①と本体（下）②に取付けられたブシュ⑫は、それぞれプレート⑥により固定されている。ピン⑮は、スリーブ④の回転止で、スリーブ④の案内溝に入り、スリーブの回転を止めている。⑯は六角ボルト、⑰、⑱、⑲、⑳、㉑は六角穴付きボルト、㉒は平行ピンである。

5-3 指示事項

(1) 本体（上）①と本体（下）②の部品図は、第三角法により尺度 $1:2$ で描く。

(2) 本体（上）①と本体（下）②の部品図は、部品の照合番号を含めて、**図5-2** の配置で描く。

(3) 本体（上）①と本体（下）②の部品図は、主投影図、左側面図、平面図、部分投影図1及び部分投影図2とし、部材の照合番号を含めて図5-2に示した配置で、下記の a～k により描く。

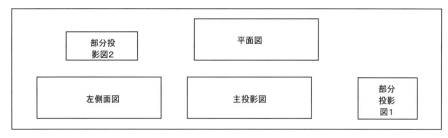

図5-2 図の配置指示

a　本体（上）①と本体（下）②は、組み合わせた状態で描く。ただし、組合せ用のボルト、ピン類など、ほかの部品は描かない。

b　主投影図は、課題図の X から見た外形図とする。

c　左側面図は、課題図の U から見た外形図とする。

d　平面図は、課題図の Z から見た外形図とし、スリーブ④が入る穴の中心から上側は断面の識別記号を用いて課題図の F-F の断面図とする。

e　部分投影図 1 は、課題図の Y から見た外形図とし、面取りをプレート⑥との合わせ面とねじ穴のみを描き、対称図示記号を用いて、中心線から右側のみを描く。

f　部分投影図 2 は、部品図の左側面の部分投影図とし、課題図の V から見た外形図を、課題図に描いてある範囲で描く。

g　ねじ類は次の指示による。

　イ　六角ボルト⑯のねじは、メートル並目ねじ、呼び径 18mm である。これ用のボルト穴径は 19mm とし、本体（上）①と本体（下）②の両方に指示する。また、本体（下）②の黒皮面には、直径 39mm、深さ 1mm のざぐりを施す。

　ロ　面 A と面 B で、六角穴付きボルト⑰がねじ穴の個数と配置は同じである。六角穴付きボルト⑰は、メートル並目ねじ、呼び径 12mm である。これ用のめねじの下穴径は、10.2mm である。

　ハ　六角穴付きボルト⑲のねじは、メートル並目ねじ、呼び径 8mm である。これ用のめねじの下穴径は、6.71mm である。

　ニ　六角穴付きボルト⑳のねじは、メートル並目ねじ、呼び径 10mm である。これ用のめねじの下穴径は、8.46mm とする。また、主投影図及び平面図では、六角穴付きボルト⑳用のめねじは、中心線でねじ穴の中心位置のみを示し、めねじの下穴径を表す円と、谷径を表す円弧は描かなくてもよい。

　ホ　六角穴付きボルト㉑のねじは、メートル並目ねじ、呼び径 8mm である。これ用のめねじの下穴径は、6.71mm である。

ヘ　ねじ穴Ｃは、アイボルト（課題図の描かれていない）用のめねじで、
　　　メートル並目ねじ呼び径 16mm、下穴径 13.9mm とし、直径 19mm の
　　　皿ざぐりを指示する。

　　ト　本体（上）①と本体（下）②の位置決め用の平行ピン㉒は、呼び径
　　　10mm でる。この加工はリーマ加工とし、"合せ加工"を指示する。

　　チ　本体（下）②の部材②-5の据付用ボルト（図示してない）のボル
　　　ト穴径は 26mm とし、黒皮面に直径 50mm、深さ 1mm のざぐりを指
　　　示する。

　h　課題図に示すＤは、ブシュ⑫が入る穴の寸法の許容限界を示す基準寸
　　法である。ブシュ⑫が入る穴の寸法の許容限界は、面Ａ側と面Ｂ側で同
　　じとする。基準寸法は 204mm とする。寸法の許容限界は、次の条件に
　　より上の寸法許容差と下の寸法許容差で示す。

　　設定条件
　　　・ブシュ⑫の外径の上の寸法許容差　：　－0.015mm
　　　・ブシュ⑫の外径の下の寸法許容差　：　－0.044mm
　　　・最大すきま　：　0.090mm
　　　・最小すきま　：　0.015mm

　i　次の指示事項により幾何公差を記入する。

　　イ　本体（下）②の据付面（部材②-5）の平面度は、公差域が 0.1mm
　　　離れた共通な平行二平面の間にある。

　　ロ　本体（上）①と本体（下）②の合わせ面の平面度は、本体（上）①
　　　側と、本体（下）②側それぞれ、公差域が 0.05mm 離れた共通の平行
　　　二平面の間にある。

　　ハ　課題図の面Ａ側のブシュ⑫の入る穴の軸線をデータムとし、面Ｂ側
　　　のブシュ⑫の入る穴の軸線の同軸度は、公差域が直径 0.02mm の円筒
　　　内にあることを指示する。

　　ニ　本体（下）②の据付面（部材②-5）をデータムとし、課題図の面
　　　Ａ側のブシュ⑫の入る穴の軸線の平行度は、公差域が 0.02mm 離れた

平行二平面の間にあることを指示する。

j　本体（上）①の照合番号①及び本体（下）②の照合番号②を図中に指示する。

k　本体（上）①を構成している各部材の照合番号（1-1 ～ 1-8）及び本体（下）②を構成している各部材の照合番号（2-1 ～ 2-5）を、図中に記入する。

5-4　溶接指示

(1)　1-1 と 1-2 との溶接は、K 形開先溶接とし、開先を 1-2 側にとり、両側の開先は対称で、開先深さ13mm、開先角度30°、ルート間隔2mm。

(2)　1-1 と 1-4 との溶接は、全周すみ肉溶接とし、脚長10mm。

(3)　1-1 と 1-6 との溶接は、全周すみ肉溶接とし、脚長10mm。

(4)　1-1 と 1-8 との溶接は、全周すみ肉溶接とし、脚長8mm。

(5)　1-2 と 1-3 との溶接は、全周すみ肉溶接とし、脚長6mm。

(6)　1-4 と 1-5 との溶接は、全周すみ肉溶接とし、脚長6mm。

(7)　1-6 と 1-7 との溶接は、全周すみ肉溶接とし、脚長6mm。

(8)　2-1 と 2-2 との溶接は、本体①との合わせ面側を V 形解析溶接とし、開先深さ10mm、溶接深さ10mm、開先角度90°、ルート間隔2mm、下側の開先を 2-2 側としたレ形開先溶接、開先深さ10mm、溶接深さ10mm、開先角度45° と、すみ肉溶接、脚長12mm を組合せる。

(9)　2-1 と 2-3 との溶接は、両側すみ肉溶接とし、脚長10mm。

(10)　2-1 と 2-4 との溶接は、両側すみ肉溶接とし、脚長6mm。

(11)　2-2 と 2-3 との溶接は、両側すみ肉溶接とし、脚長8mm。

(12)　2-3 と 2-4 との溶接は、両側すみ肉溶接とし、脚長6mm。

(13)　2-3 と 2-5 との溶接は、全周すみ肉溶接とし、脚長10mm。

(14)　2-4 と 2-5 との溶接は、両側すみ肉溶接とし、脚長10mm。

この課題の特徴はコーンヘッド⑦を駆動する油圧シリンダ⑨及びブラケットの部材①-4～①-7が、水平面から45°傾いて組付けられている。シリンダブラケットは本体（上）①と一体構造であり、形状を理解して解答図に描く。油圧シリンダ及びプレート⑤、リンク⑩及び⑪は、本体（上）①に六角穴付きボルト⑳で組み付ける構造であり、読み分ける必要がある。

5-5-1　左側面図＆部分投影図２

着眼点①　右側面図から左側面図を描く

図5-1（巻末）に示した課題図に右側面図が描かれているが、解答図では左側面図を描くように指示がある。3D/CAD で受験して、ソリットモデルを作成する過程を経て、平面図形に展開する場合は図面化する方向を左側面図に選択すれば、問題なく描くことができる。2D/CAD又は手書きで受験する場合は、図形を解読する段階でシリンダブラケットの配置を変更する。右側面図を左側に移した図を、**図5-3**（巻末）に示す。この時に "A部" に示した、部分投影図２の向きが変わることを見逃さない。周辺の組立部品との境界は、"B部" に示した油圧シリンダ⑨を支えるメタル（部品番号無し）が、"C部" に示したリンク部品⑩、⑪を支えるブラケット（部品番号無し）が、"D部" に示したスリーブ④の回転止のピン⑮を固定するキープレート（部品番号無し）となっている。右側面図では手前側にある、部材①-5と①-7が左側面図では奥側になり、奥側にあった部材①-4と①-6が手前側に来る。六角穴付きボルト⑲用のめねじは、かくれ線で表す。

左側面図及び部分投影図２の図形を、**図5-4**（巻末）に示す。

5-5-2　主投影図

着眼点②　側面図から部分断面部の外形図を描く

　課題図の主投影図は**図 5-5**（巻末）に示したように、部分断面図で回転軸③
及びスリーブ④関連する、ブシュ⑫及び転がり軸受⑬、⑭等が描かれている。
解答図には外形図で表すように指示があり、A 及び A′ 部に示したように、右
側面図の部材②-1 ～②-5 を解読して主投影図の外形図を描く。

着眼点③　本体に組付いた部品を外した図形

　図 5-5（巻末）の B 及び B′ 部に示したように、素材番号①-1 とブシュ押
え⑥との境界が示されている。ブシュ⑫の位置からも理解できる。

着眼点④　キープレート（部品番号無し）の使い方

　図 5-5（巻末）の C 部にスリーブ④の回り止めピン（部品番号無し）を引き
出した図形を描いている。リンク機構⑩、⑪にも使用されている、軸やピンに
軸方向の力が発生しない構造の場合に、軸やピンを固定する方法が"キープレ
ート"である。多くの例では磨き板材を切断して止めねじ用の穴をあけたプレ
ートと、メタルソーで切り込んだ軸やピンを組合わせる製作コストの安い方法
である。キープレート方式に関する知識があれば、かくれ線で描いた回り止め
構造を容易に理解できる。

　図 5-5（巻末）の D 部に示した、油圧シリンダ⑨を支持するメタル（部品番
号無し）を押さえる部品（部品番号無し）は、部材番号もないことから本体
（上）①に含まれていないと考えられる。

　主投影図の図形を、**図 5-6** に示す。

5-5-3　平面図

着眼点⑤　描く部材を把握する

　図 5-7 に課題図からリンク機構⑩、⑪を取外した図には、本体（上）①が主

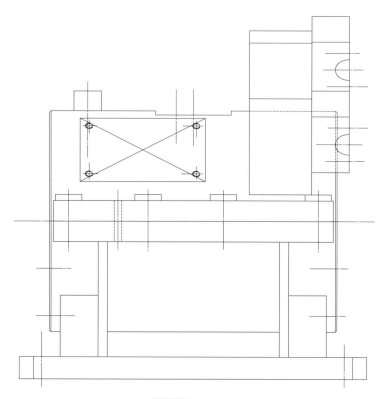

図 5-6　主投影図

に描かれている。解答図は中心線から下を外形図とし、中心線から上を課題図
（図 5-1）に示した"F-F"断面と指示されている。中心線から下は、部材番号
①-1 〜 ①-7 ②-5 を描き、中心線から上は、部材番号 ②-1 ②-2 ②-5
を描く、寸法記入時に明確に区分する。

着眼点⑥　平面部分の表し方

　部材 ①-1 は円筒形を軸方向に 2 分割した形状で、リンク機構⑩、⑪及びキ
ープレート（部品番号無し）を取り付けるために、円筒面から平面に削り出し

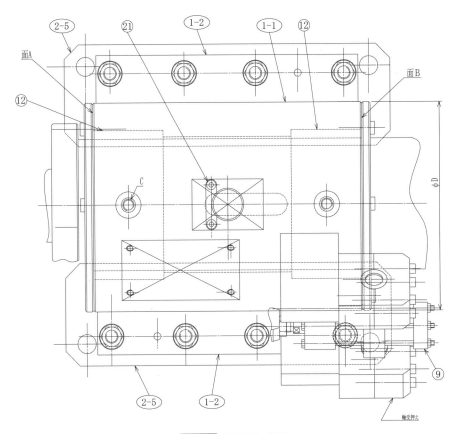

図 5-7 平面図の解読

ている。この場合には理解を助けるために、平面部に細い実線で対角線を描き平面であることを示すことができる。

　平面図の図形を、**図** 5-8 に示す。

5-5-4　部分投影図 1

　図 5-9 に右側面図から、プレート⑥及びスプール④と回転軸③が六角穴付き

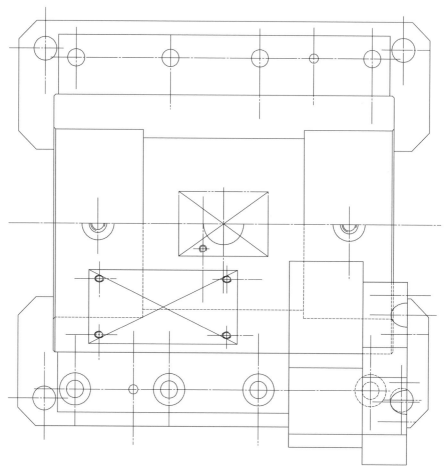

図 5-8 平面図

ボルト⑰、⑱の図形を抜き出してある。

　解答図はプレート⑥との合わせ面を描くように指示がある。プレート⑥を取外すと、部材番号 1-1 と 2-1 が現れる。部材の境界の線を忘れないで描く。

　部分投影図1の図形を、**図 5-10** に示す。

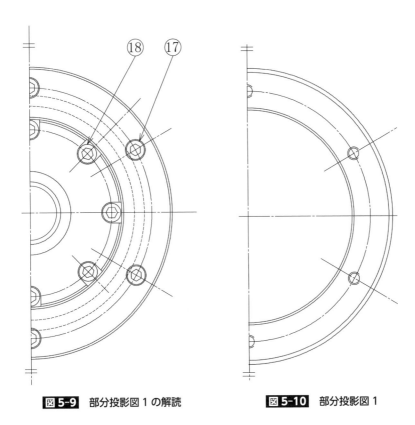

図5-9 部分投影図1の解読　　　　**図5-10** 部分投影図1

5-6　寸法記入等

5-6-1　計算問題（はめあい）

ブシュ⑫の外径寸法は、

上の許容差：−0.015mm

　　　　下の許容差：−0.044mm とあり、

寸法公差記号では"g6"に相当する。組付け穴の寸法公差は穴基準はめあいで
考える。

　　　　最小すきま：0.015mm

　　　　最大すきま：0.090mm

本体（上）①と本体（下）②の穴の内径寸法の下の許容差は、

　　　　外径の上の許容差に最小すきまを足して

　　　　−0.015+0.015＝0.000

同じく上の許容差は

　　　　外径の下の許容差に最大すきまを足して

　　　　−0.044+0.090＝0.046　　となる。

5-6-2　寸法記入の要点

　図5-11に示した平面図にボルト⑲を締付ける穴に関する寸法記入を例に、
失敗しない寸法記入を解説する。外形図にA部で示した本体（上）①に関する
穴指示は、単純な穴加工指示で部材番号 1-3 の上面にRa6.3の指示をしてい
る。断面図にA′部で示した本体（下）②に関する穴指示は、ボルトの頭部が
切削面に納まる様に、ざぐり指示をしている。指示は上面（切削面）に指示し
ているが、加工する場合にざぐり加工は裏面の黒皮面にするのが常識であり、
問題のない指示である。B部、C部に示した穴位置の指示は、本体（上）①、本
体（下）②ともに同じ位置であり片側に指示することで、同時加工される。穴
位置に関する縦/横寸法を、B部、C部のように同じ図形に記入することを基本
にすると、記入漏れを防止できる。D部に示したように穴加工する部材 1-2 、
2-2 の寸法も同じ図形に記入し、関連部材 1-1 、2-1 との距離を記入す
る。

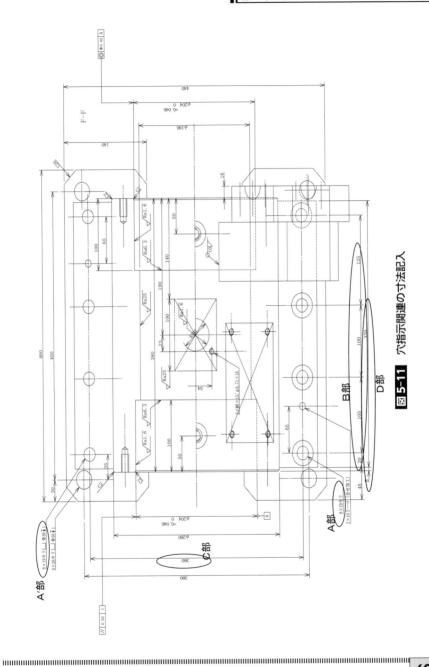

図 5-11 穴指示関連の寸法記入

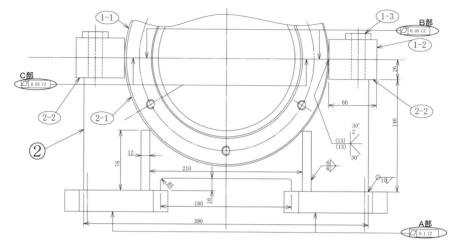

図 5-12 共通公差域の記入

5-6-3 幾何公差記入

着眼点⑧　共通公差域

　図 5-12 に示した平面度の指示に "CZ：共通公差域" の指示がある。共通公差域を指示するためには、対象となる面を表す線に必要な箇所分だけ指示線を当てて、公差記入枠と連結する必要がある。課題に指示されている本体（下）②の据付面（部材 2-5 ）は２つあり、２か所に指示できるのは左側面図のみで、図中の A 部に示したように指示する。同様に本体（上）①と本体（下）②の合わせ面も、２か所指示できるのは左側面図で、図中の B 部及び C 部に示したように指示する。

◈◈ 5-7　解答図

　図 5-13（巻末）に解答図の例を示す。

第6章

平成 30 年度の 1 級実技課題の解読例
（平成 30 年度 1 級課題より）

図6-1（巻末）に示した課題図は、減速機の組立図を、尺度1：2で描いて
ある。

　注意事項及び指示事項にしたがって、課題図中の本体①（⟨1-1⟩～⟨1-19⟩で
構成されている鋼材（SS400）の溶接組立品）の図形を描き、寸法、寸法の許
容限界、幾何公差、表面性状に関する指示事項及び溶接記号等を記入し、部品
図を完成させる。

　①　鋼板をプラズマ溶断等で切り出して、溶接で組み立てていることに注目
して、その手順に従って解読して組み立てていく。

　②　レ形溶接

◆6-1　部品図作成要領

　部品図作成要領は平成29年度と同様であり、5-1項を参照する。

◆6-2　課題図の説明

　課題図は、減速機を尺度1：2で描いたものである。

　主投影図は、Zから見た外形図で、一部をH-Jの部分断面図で示している。

　右側面図は、Xから見た外形図で、中心線から左側は破断線を用い、省略し
ている。

　左側面図は、A-E-F-Dの断面図で示している。

　平面図は、Yから見た外形図（一部は破断線を用いた部分断面図）で示して
いる。

　本体①は、鋼材（SS400）からなり、溶接組立後、焼きなましの上、機械加
工されている。

　電動機（図示されていない）の回転力は、入力歯車軸②、中平歯車③、小か

さ歯車軸④、大かさ歯車⑤、中間歯車軸⑥、大平歯車⑦を介して出力軸⑧に減速されて伝達される。⑨は深溝玉軸受、⑩，⑪、⑫は円すいころ軸受、⑬、⑭、⑮、⑯は軸受押さえ、⑰、⑱は穴用C形止め輪、⑲、⑳は止め栓、㉑はガスケット、㉒、㉓、㉔はOリング、㉕、㉖、㉗は取付ボルト、㉘は平行ピン、㉙は油面計、㉚は排油プラグである。

◇◇ 6-3　指示事項

(1)　本体①の部品図は、第三角法により尺度1:2で描く。

(2)　本体の部品図は、部品の照合番号を含めて、**図6-2**の配置で描く。
本体①（①-1〜①-19）の部材の番号を左上の空きスペースに記入する。

(3)　本体①の部品図は、主投影図、右側面図、左側面図、平面図及び、矢示法投影図とし、部材の番号を含めて(2)の配置で、下記のa〜mにより描く。

   a　主投影図は、課題図のG-Jの断面図とする。

   b　右側面図は、課題図のXから見た外形図とし、中心線から右側を描き、中心線から左側は、破断線を用いて省略する。

   c　左側面図は、断面の識別記号を用いて課題図のA-B-C-Dの断面図とする。

   d　平面図は、課題図のYから見た外形図とし、中心線から上側を描き、中心線から下側は、破断線を用いて省略する。

   e　矢示法投影図は、軸受押さえ⑮の取付面（はめあい部を含む）とねじの配置に関してのみ描く。

   f　減速機の減速比は、1:15である。

図6-2　解答図の配置

表6-1 歯車の仕様

仕様	歯車②	歯車③	歯車④	歯車⑤	歯車⑥	歯車⑦
歯車歯形	標準	標準			標準	標準
モジュール	3	3	4	4	4	4
歯数	20	50	20	40	20	60
基準円直径（mm）	60	P	80	160	80	240
中心距離（mm）	Q				S	
減速比	1：15					

　表6-1の歯車の仕様に従いP、Q、Sを求める。計算式を記入し、計算結果を示す。課題図の"Q"寸法はずらして描いてあるので、正しい位置へ訂正して描く。訂正する箇所は、入力歯車軸②に関する深溝玉軸受⑨が入る穴と"U"穴とする。計算結果は8-17に示した。

g　穴用C形止め輪⑰の溝幅は、3.2　許容差は、0〜＋0.18mm、溝外径は、93.5　許容差は、0〜＋0.35mmとする。

h　穴用C形止め輪⑱の溝幅は、4.2　許容差は、0〜＋0.18mm、溝外径は、119　許容差は、0〜＋0.54mmとする。

i　ねじ類は、下記による。

　イ　ボス⑴-⑲のねじ穴は、メートル並目ねじ、呼び径16mmである。

　ロ　取付ボルト㉖のねじは、メートル並目ねじ、呼び径10mmである。これ用のめねじの下穴径は、8.46mmとする。

　ハ　取付ボルト㉕、㉗のねじは、メートル並目ねじ、呼び径8mmである。

　ニ　据付板⑴-⑰用の取付ボルト（図示していない）の入るボルト用のキリ穴は、直径22mmで、黒皮面には、直径43mm、深さ1mmのざぐりを指示する。

　ホ　排油プラグ㉚のねじは、管用テーパねじ呼び1/2である。これ用のめねじは、管用テーパめねじとする。

　ヘ　平行ピン㉘の入る穴は、呼び径8mmである。これ用の穴は、リー

マ加工とし、相手部品と合わせ加工を指示する。

ト　油面計㉙の入る穴は、50 リーマで、黒皮面に直径 55mm 深さ 1mm
のざぐりを指示する。

j　深溝玉軸受⑨の呼び外径は 62mm、円すいころ軸受⑪の呼び外径は
90mm 及び円すいころ軸受⑫の呼び外径は 115mm である。

k　止め栓⑲、⑳の装着用の面取り部の表面性状の粗さは、Ra1.6 を指示
する。

l　下記により幾何公差を指示する。

イ　円すいころ軸受⑪の入る穴の軸線をデータムとし、軸受押さえ⑭の
入る穴の軸線の同軸度 0.05mm を指示する。

ロ　深溝玉軸受⑨の入る穴の軸線をデータムとし、軸受押さえ⑯の入る
穴の軸線の平行度は直径 0.03mm の円筒内にあることを指示する。

ハ　据付板 1-17 の据付座面の平面度は、公差域が 0.1mm 離れた共通な
平行二平面の間にある事を指示する。

m　本体①を構成している各部材の照合番号（ 1-1 ～ 1-19 ）を図中に
記入する。

6-4　溶接指示

下記の溶接指示の中で「外側」又は「内側」とあるのは、本体①の外側又は
内側を示す。溶接は全て連続溶接を指示する。

(1)　 1-1 と 1-2 1-3 1-4 1-5 との溶接は、開先を 1-1 側として、
外側をレ形溶接、開先深さ 6mm、溶接深さ 8mm、開先角度 45°、ルート
間隔 0mm、内側をすみ肉溶接脚長 6mm。

(2)　 1-2 と 1-11 との溶接は、開先を 1-2 側として、外側を全周レ形溶接、
開先深さ 6mm、溶接深さ 6mm、開先角度 45°、ルート間隔 0mm。

(3)　 1-3 と 1-4 の溶接は、開先を 1-4 側として、外側をレ形溶接、開先
深さ 6mm、溶接深さ 6mm、開先角度 45°、ルート間隔 0mm。内側をすみ

肉溶接脚長 6mm。

(4) ①-3 と ①-5 の溶接は、開先を ①-5 側として、外側をレ形溶接、開先深さ 6mm、溶接深さ 6mm、開先角度 45°、ルート間隔 0mm 内側をすみ肉溶接脚長 6mm。

(5) ①-3 と ①-12 との溶接は、外側を全周すみ肉溶接脚長 6mm。

(6) ①-3 と ①-16 との溶接は、外側を全周すみ肉溶接脚長 6mm。

(7) ①-6 と ①-3 との溶接は、開先を ①-6 側として、外側をレ形溶接、開先深さ 6mm、溶接深さ 6mm、開先角度 45°、ルート間隔 0mm。。

(8) ①-6 と ①-5 との溶接は、開先を ①-6 側として、外側をレ形溶接、開先深さ 6mm、溶接深さ 6mm、開先角度 45°、ルート間隔 0mm。

(9) ①-6 と ①-7 との溶接は、外側を全周すみ肉溶接脚長 6mm。

(10) ①-8 と ①-2 ①-3 ①-4 ①-7 との溶接は、外側をすみ肉溶接脚長 6mm。

(11) ①-9 と ①-3 との溶接は、両側をすみ肉溶接脚長 6mm。

(12) ①-9 と ①-10 との溶接は、両側を全周すみ肉溶接脚長 6mm。

(13) ①-15 と ①-3 との溶接は、両側をすみ肉溶接脚長 4mm。

(14) ①-15 と ①-13 との溶接は、両側をすみ肉溶接脚長 4mm。

(15) ①-17 と ①-1 との溶接は、全周すみ肉溶接脚長 6mm。

(16) ①-18 と ①-3 との溶接は、両側をすみ肉溶接脚長 6mm。

(17) ①-18 と ①-17 との溶接は、両側をすみ肉溶接脚長 6mm。

(18) ①-17 と ①-19 との溶接は、全周をすみ肉溶接脚長 6mm。

≪6-5≫　課題図の解読の進め方

> **着眼点①**　鋼板をプラズマ溶断等で切り出して、溶接で組み立てていること
> に注目して、その手順に従って解読して組み立てていく。

6-5-1　本体の外殻

　本体①は図**6-3**に示すように、部材番号 1-1 ～ 1-8 が外殻を構成してお
り、図**6-4**の部材例の図に示したような鋼板を、プラズマ溶断等の方法で切り

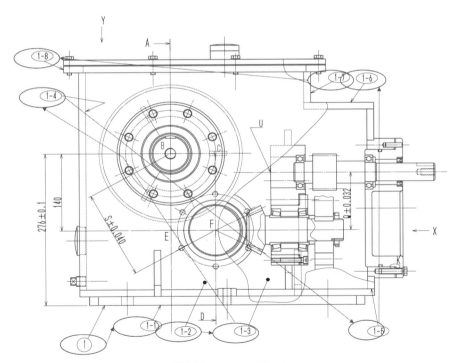

図6-3　課題図の主投影図

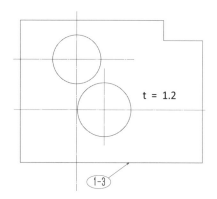

図 6-4 基本となる鋼板の例

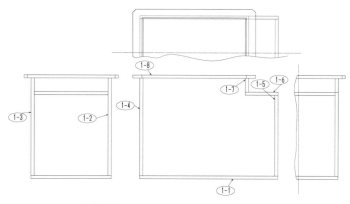

図 6-5 基本となる鋼板による外殻構造

出して、溶接で組み立てる。軸受や軸受押さえを、組込む部材を溶接組立する穴は、鋼板を切り出す段階で切断しておく。課題図から外殻を構成する部材の大きさを読み取り、それらを溶接で組立てるイメージで作図すると、**図 6-5** に示したような外殻の図となる。この図では軸受押さえなどを組立てする部材と穴は、図示していない。指示事項(3)に指示されているように、右側面図は中心線から左側を、平面図は中心線から下側を、破断線を用いて省略してある。

6-5-2　軸受関連部材 I

主投影図の軸受関連部材を、課題図から読み取り、溶接で組立てるイメージで、図を描き進める。**図6-6**に示した軸受押さえ⑬を収納する部材①-16と、軸受押さえ⑯と軸受⑨を収納する部材①-10この部材を外殻と連結する部材①-9を課題図から読み取る。**図6-7**に示した様に溶接位置に配置する。

主投影図の軸受関連部材を①-16①-9①-10を、**図6-8**に示したように、

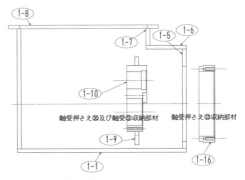

図6-6　軸受等収納部材

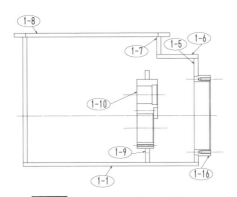

図6-7　軸受等収納部材を溶接位置へ

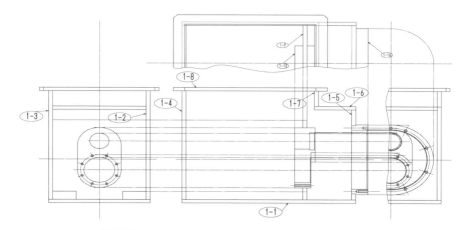

図6-8 軸受部材等左側面図、右側面図、平面図に書き込む

左側面図、右側面図、平面図に描き進める。円筒部材の側面の角になる部分が、円筒形状となる。

6-5-3　軸受関連部材Ⅱ

　左側面図の部材①-11①-12①-13①-14を描くが、注意しなければいけないことが、課題図では"A-E-F-D"の断面で表されているが、解答図では"A-B-C-D"の断面図を描くことが指示されていること。**図6-9**に示した解読図にあるように、部材①-11と①-12は課題図では中心線から下側が断面図で、それを読み取って全断面図で描く。部材①-13は課題図では全断面図であるが、解答図では中心線から上側を断面で示す。見落としてはいけないのが部材①-15で、切断面"C-D"では板厚の下半分が外形線で表れる。部材①-14は中心線から上側は断面図で、下側は切断面"C-D"の位置の形状を読み取って描く。解説に従って解読すると、部材①-11①-12①-13①-14は、**図6-10**に示したような図形となる。左側面図に組込むと、**図6-11**に示したようになる。図6-9に示した課題図の"S"の部分は、課題図から読み取らないで、歯車仕様を完成させて"S"の寸法により作図する。

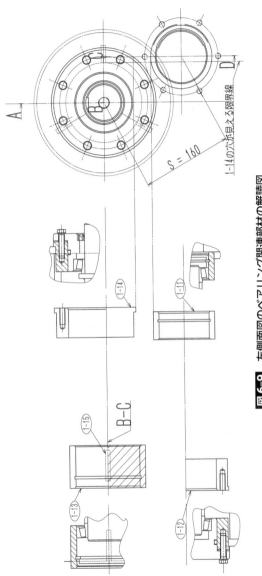

図6-9 左側面図のベアリング関連部材の解読図

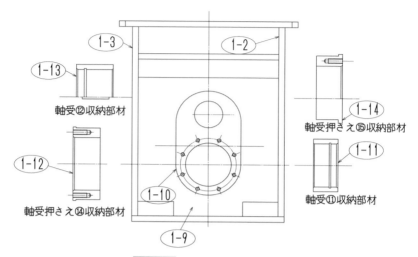

軸受⑫収納部材

軸受押さえ⑮収納部材

軸受押さえ⑭収納部材

軸受⑪収納部材

図6-10 軸受等収納部材の図形

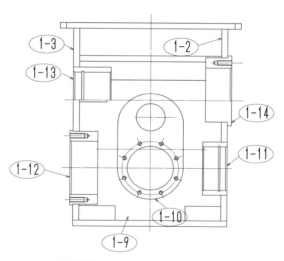

図6-11 軸受等収納部材溶接位置へ

6-5-4　軸受関連部材Ⅲ

　左側面図に描いた軸受関連部材を、**図6-12**に示したように、主投影図、平面図に描いていく。リブ部材①-15を課題図から読み取って描く。ここまでで

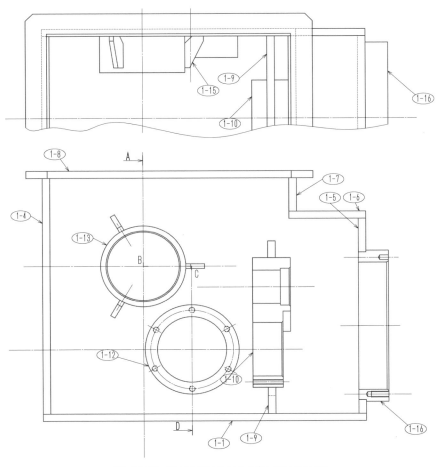

図6-12　軸受等収納部材の主投影図と平面図

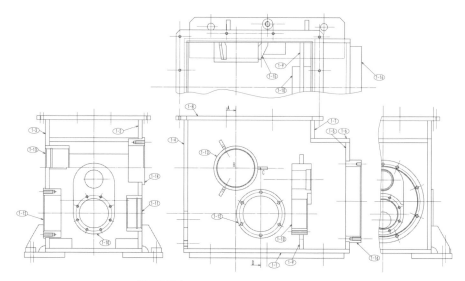

図6-13 ベース部材等を描いて図形完成

減速機機能部材は終了する。

6-5-5　ベース部材等

取付板①-17、リブ①-18、吊りボルト用のねじ座①-19を課題図から読み取って描く。関連のねじ、油面計取付穴、排油プラグ取付ネジを描くと図形が完成となる。右側面図の部材①-16の穴から見える、油面計取付穴に注意する。**図6-13**に本体①の図形を示す。

6-5-6　矢示法投影図

図6-14に示したように、軸受押え⑮を組付けるはめあい穴及び、締付ボルト㉙用のめねじを描く。

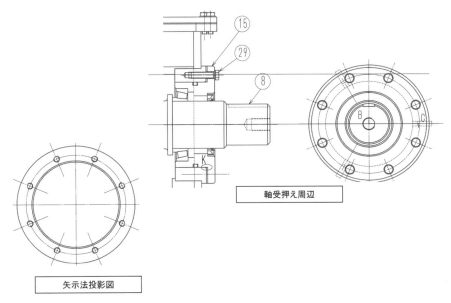

図6-14　矢示法投影図

6-6 その他の指示事項

6-6-1　幾何公差

　図 6-15 に示したように、深溝玉軸受⑨の入る穴の軸線をデータムとし、軸受押さえ⑯の入る穴の軸線の平行度 0.03mm を指示する。

6-6-2　溶接記号

着眼点②　レ形溶接

(1)　①-1と①-2 ①-3 ①-4 ①-5との溶接は、開先を①-1側として、外側をレ形溶接、開先深さ 6mm、溶接深さ 8mm、開先角度 45°、ルート

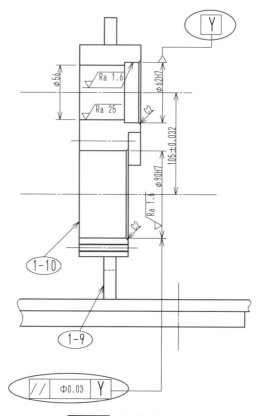

図6-15 幾何公差の指示

間隔 0mm、内側をすみ肉溶接脚長 6mm。

(2) (1-2) と (1-11) との溶接は、開先を (1-2) 側として、外側を全周レ形溶接、開先深さ 6mm、溶接深さ 6mm、開先角度 45°、ルート間隔 0mm。

(18) (1-17) と (1-19) との溶接は、全周をすみ肉溶接脚長 6mm。

図6-16 に (1-1) と (1-2)、(1-2) と (1-11)、(1-17) と (1-19) の 3 項目の溶接指示例を示した。レ形溶接の指示では開先を取る部材に矢を向けて、引き出し線を一度折れ曲げて、参照線（水平部）を引いて溶接記号を記入する。溶接深

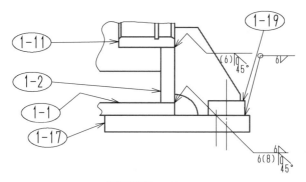

図6-16　溶接指示

さと開先深さが同じ(1-2)と(1-11)の場合は開先深さを省略してもよい。

6-6-3　解答図

図6-17（巻末）に解答図の例を示す。

第7章

令和元年度の 1 級実技課題の解読例
（令和元年度 1 級課題より）

図7-1（巻末）に示した課題図は、ある工業用機械を尺度1:2で描いている。次の作成要領等にしたがって、課題図中の本体① （1-1〜1-12で構成されている鋼材［SS400］の溶接組立品）及び軸受カバー⑧（鋳鉄［FC250］）の図形を描き、寸法、寸法の許容限界、幾何公差、表面性状に関する指示事項及び溶接記号等を記入し、部品図を完成させる。

着眼点
　①　鋳肌面と接続R
　②　穴の奥に見える線
　③　板の接続方向を明確に示す
　④　直径寸法と半径寸法
　⑤　ねじ、穴指示と寸法の集中

≪7-1　部品図作成要領

　部品図作成要領は平成29年度と同じであり、5-1項を参照する。

≪7-2　課題図の説明

　課題図は、ある工業機械を尺度1:2で描いてある。主投影図は、課題図のAから見た外形図で、破断線より下側はB-B断面である。左側面図は、課題図のCから見た外形図で、出力軸⑦の中心線より上側はD-D断面である。平面図は、課題図のEから見た外形図で、破断線より左側はF-F断面である。部分投影図は、課題図のGから見た外形図である。

　本体①は、鋼板［SS400］からなり、溶接組立後、焼きなましの上、上部カバー②との合わせ面及び締付部のねじ及びボルト穴を加工して、組付け後一体で機械加工されている。軸受カバー⑧は、鋳鉄［FC250］で、必要部分は機械加工されている。電動機（図示されてない）の回転力は、入力歯車軸③、平歯

車④、ウォーム軸⑤、ウォームホイール⑥、及び出力軸⑦を介して伝達される。②は上部カバー、⑨、⑩、⑪は軸受押さえ、⑫は深溝玉軸受、⑬は自動調心ころ軸受、⑭、⑮は円すいころ軸受、⑯、⑰はオイルシール、⑱、⑲、⑳、㉑、㉒、㉓は取付ボルト、㉔は平行ピン、㉕は排油プラグである。また、課題図中のイ面とロ面は同一形状である。

7-3　指示事項

(1)　本体①及び軸受カバー⑧の部品図は、第三角法により尺度1：2で描く。

(2)　本体①及び軸受カバー⑧の部品図は、**図7-2**により示された配置で描く。

(3)　本体①の図は、主投影図、左側面図、平面図、及び局部投影図とし、部材の照合番号を含めて図7-2の配置で、下記a～jにより描く。

　a　主投影図は、断面識別記号を用いて課題図のB-B断面図で描く。

　b　左側面図は、課題図のCから見た外形図で描く。

　c　平面図は、課題図のEから見た外形図で描き、出力軸⑦の中心軸から左側を、断面識別記号を用いて、課題図のF-F断面で描く。

　d　局部投影図は、課題図のGから見た照合番号①-8のねじに関してのみ描き、対象図示記号用いて、中心線から右側を描く。

　e　ねじ類は下記イ～トによる。

　　イ　軸受カバー⑧の取付ボルト⑱のねじは、メートル並目ねじ呼び径8mmである。

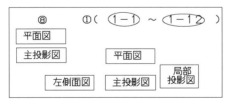

図7-2　図の配置指示

ロ　軸受押え⑨、⑩の取付ボルト⑲、⑳のねじは、メートル並目ねじ呼び径 10mm である。これ用のめねじの下穴径は、8.46mm である。

ハ　上部カバー②の取付ボルト㉑のねじは、メートル並目ねじ呼び径 12mm である。これ用のめねじの下穴径は 10.2mm である。

ニ　上部カバー②の取付ボルト㉒用のキリ穴は直径 12mm で、黒皮面に直径 28mm、深さ 1mm のざぐりを指示する。

ホ　本体①の取付ボルトの入るキリ穴は、直径 18.5mm で、黒皮面に直径 35mm、深さ 1mm のざぐりを指示する。

ヘ　上部カバー②との合わせ面用平行ピン㉔（対称 2ヶ所）は、呼び径 8mm で、この穴加工は、リーマ加工とし合わせ加工を指示する。

ト　排油プラグ㉕のねじは、管用テーパねじ呼び 3/8 である。これ用のめねじは、管用テーパめねじである。

f　六角ボルト⑲のねじの本数は、下記の値を用いて算出し、ウォーム軸⑤の軸方向（スラスト）の力に耐える最も少ない本数を図示する。

　　　ウォーム軸⑤の軸方向の力：16.5kN
　　　ボルトの谷径　　　　　　：8.37mm
　　　ボルトの許容引張応力　　：53.9N/mm^2

g　深溝玉軸受⑫の呼び外径は、直径 68mm、自動調心ころ軸受⑬の呼び外径は、直径 90mm、円錐ころ軸受⑭の呼び外径は、直径 110mm、円錐ころ軸受⑮の呼び外径は、120mm である。

h　下記により幾何公差を指示する。

イ　上部カバー②の取付面の平面度は、0.05mm 離れた共通な平行二平面の間にある。

ロ　円すいころ軸受⑮の入るロ側の穴の軸線をデータムとし、イ側の穴の軸線はの同軸度は、公差域が直径 0.01mm の円筒内にある。

ハ　軸受押え⑨の取付面と、円すいころ軸受⑮の入るロ側の穴の、軸線をデータムとし、円すいころ軸受⑭入る穴の軸線の位置度は、ウォーム軸⑤と出力軸⑦の間を理論的な寸法とし、その公差域が直径

0.02mm の円筒内にある。

ニ　円すいころ軸受⑭の入る穴の軸線をデータムとし、自動調心ころ軸受⑬の入る穴の軸線の同軸度は、その公差域が直径 0.02mm の円筒内にある。

ホ　円すいころ軸受⑭及び自動調心ころ軸受⑬の入る穴の軸線をデータムとし、深溝玉軸受⑫の入る穴の軸線の平行度は、その公差域が直径 0.02mm の円筒内にある。

i　本体①を構成している各部材の照合番号（(1-1)〜(1-12)）を図中に記入する。

j　課題図のロ面のねじ穴に関する指示は、図中に（[イ面]と[ねじに関する寸法はイ面と同一]）と指示する。

(4)　軸受カバー⑧の図は、主投影図、平面図とし、図 7-2 の配置で下記の a 〜g により描く。

a　主投影図は、課題図の C から見た外形図とする。

b　平面図は、課題図の H-H の断面図とする。

c　本体①との取付ボルト⑱用のキリ穴は直径 10mm で、黒皮面に直径 20mm、深さ 1mm のざぐりを指示する。

d　軸受押え⑪の取付ボルト㉓のねじは、メートル並目ねじ呼び 6mm である。これ用の下穴径は、4.97mm である。

e　深溝玉軸受⑫の呼び外径は、直径 68mm である。

f　普通公差については記入不要である。

g　表面性状の指示は、機械加工面のみ記入する（一括指示は不要）。

7-4　溶接指示

指示は、各々の項目について 1 か所記入する。すべて連続溶接とする。「外側」又は「内側」とあるのは、本体①の外側、内側を示す。

(1)　(1-1)と(1-4)との溶接は、開先を(1-4)側として、外側レ形溶接、開先

深さ 6mm、溶接深さ 8mm、開先角度 35°、ルート間隔 0mm。

(2) (1-1)と(1-6)との溶接は、外側すみ肉溶接脚長 6mm、内側すみ肉溶接
    脚長 4mm。

(3) (1-1)と(1-8)との溶接は、両側全周すみ肉溶接脚長 6mm。

(4) (1-2)と(1-3)との溶接は、内側すみ肉溶接脚長 6mm。

(5) (1-2)と(1-5)との溶接は、両側全周すみ肉溶接脚長 6mm。

(6) (1-2)と(1-9)との溶接は、全周すみ肉溶接脚長 6mm。

(7) (1-3)と(1-7)との溶接は、両側すみ肉溶接脚長 6mm。

(8) (1-4)と(1-11)との溶接は、全周すみ肉溶接脚長 6mm。

(9) (1-5)と(1-10)との溶接は、両側全周すみ肉溶接脚長 6mm。

(10) (1-5)と(1-12)との溶接は、外側全周すみ肉溶接脚長 4mm。

(11) (1-6)と(1-7)との溶接は、開先を(1-6)側として、両面レ形溶接、開先
    深さ 8mm、溶接深さ 8mm、開先角度 45°、ルート間隔 0mm。反対側すみ
    肉溶接脚長 6mm。

◈7-5 課題図の解読の進め方

7-5-1 軸受カバー⑧の解読

着眼点①　鋳肌面と接続 R

　この課題は入力軸歯車軸③、平歯車④、ウォーム軸⑤、ウォームホイール⑥で
減速して出力軸⑦を回転させている。ウォーム軸⑤とウォームホイール⑥及び
それらを支える軸受類⑬、⑭、⑮の関連は、課題図の主投影図と平面図に明確
に示されており容易に判断できる。本体①と軸受カバー⑧の関係は、鋳鉄製の
軸受カバーから着手する。

　図7-3 に示したように、入力軸歯車③は２つの深溝玉軸受⑫に支えられてい
る。本体①と軸受カバー⑧に組込まれた、深溝玉軸受の同軸度を保証するため
に、はめあい関係が必要となる。**図7-4** に示した様に、部品展開すると本体①

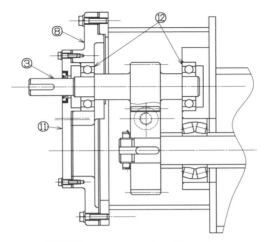

図7-3　軸受カバー⑧部の部分組立図

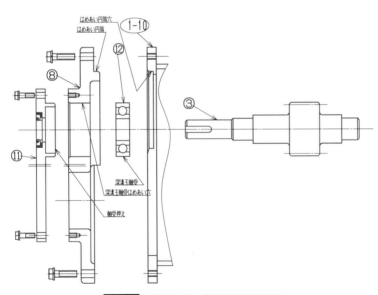

図7-4　軸受カバー⑧部の部品展開図

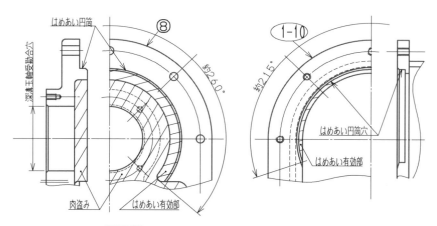

図7-5 本体①と軸受カバー⑧のはめあい詳細図

と軸受カバー⑧のはめあい部が表れてくる。さらに詳細に説明すると、**図** 7-5 に示したように、はめあいの有効範囲を確認することができる。軸受カバー⑧ は鋳造部品であり、板厚を一定にする鋳造時の内部欠陥を防止する目的の "肉 盗み（空洞設計）" を見ることができる。このように加工に関する知識が、形状 の把握を助ける。

7-5-2　主投影図の部材①-⑩の解読

着眼点②　穴の奥に見える線

　本体①の主投影図は B-B 断面であり、課題図の部材①-⑩は**図** 7-6 に示し た図形で表される。かくれ線まで丁寧に図を読むと理解できる。**図** 7-7 に示し たように、部材①-⑩の B-B 断面側は、平歯車④をウォーム軸⑤に組み付ける 幅 140mm の小判型の穴形状を切断してできる。軸受カバー⑧のはめあい側は、 直径 148mm のはめあい穴がある。ただし、幅 140mm からははめあい部の 面取り線も穴底の線も見ることができない。幅 140mm から見えるのは図 7- 7 に示した R、S、T1、T2 の稜線のみである。

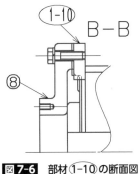

図7-6 部材①-10の断面図

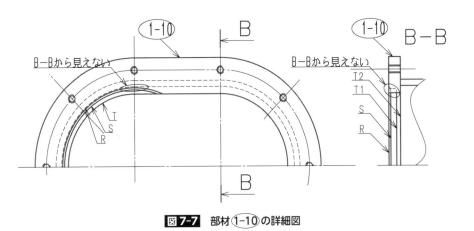

図7-7 部材①-10の詳細図

7-5-3　板取情報を示す

着眼点③　板の接続方向を明確に示す

　本体①は鋼板の溶接組立品である。製作過程を考えると、解答図に示した溶接工程の前に、"板取"という工程がある。これは市販されている定尺の鋼板から、プラズマ溶断等で、所定の寸法に切り出すもので、その時に必要な情報が鋼板の切り出しする大きさの情報である。そこでこの課題のように鋼板によ

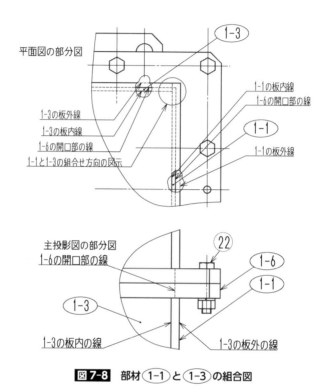

平面図の部分図

1-3の板外線
1-3の板内線
1-6の開口部の線
1-1と1-3の組合せ方向の図示

1-1の板内線
1-6の開口部の線

1-1の板外線

主投影図の部分図
1-6の開口部の線

1-3

1-3の板内の線

1-3の板外の線

図7-8 部材 1-1 と 1-3 の組合図

る箱構造の場合、板の組合せ方向を明確に図示することが必要である。ものづくりに関する知識があると自然に図が読取れる。**図7-8**に部材 1-1 と 1-3 の組合方向に関する図を示した。

7-5-4　加工を前提に寸法指示する

着眼点④　直径寸法と半径寸法

　課題図の工業機械の本体①と上部カバー②は、合わせ面と組付けボルトの通し穴を加工後、二つを組付けて一体として機械加工する。**図7-9**に示したように、1体品として加工する寸法"Φ150"は直径寸法を記入する。板取時の寸

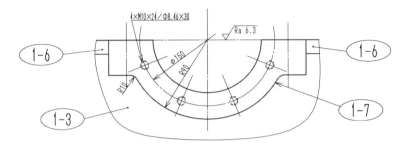

図7-9　半径寸法と直径寸法の解説図

法 "R90" は半径指示する。

7-5-5　寸法未記入を防ぐ方法

着眼点⑤　ねじ、穴指示と寸法の集中

　寸法を間違いなくすべてに記入することは、図面が大きくなるにしたがって難しくなるテーマである。多くの場合、寸法を記入可能な場所は 2 カ所以上あるのが普通だが、思い付きで記入場所を決めると、未記入場所が発生する原因となる。そのほかに、主投影図に集中させるなどの考え方もあるが、ねじ又は穴指示をした図に、配置寸法と部材の関連寸法を記入すると、整理されて記入漏れがなくなる。**図7-10** に示した例では、"A" のマーキングをした "8×18.5 キリ ⌴ Φ35 ▽ 1" の配置寸法は、同様に "A" のマーキングをした寸法、200、360、300 で指示され、部材の寸法は、"A'" のマーキングをした寸法、70、120、400、340 で指示されている。"B" のマーキングをした "12×12 キリ ⌴ Φ28 ▽ 1" の配置寸法は "B" で、部材寸法は "B'" でマーキングされている。"C" でマーキングした "4×M12×20／…" の配置寸法は "C"で、部材寸法は "C'" でマーキングされている。このような記入法をすると、残された関連寸法が明確になり、記入場所も特定できることから記入漏れがなくなる。

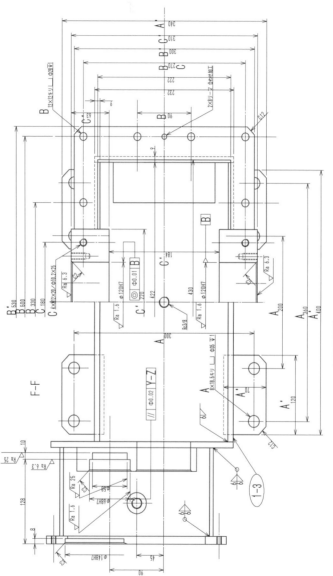

図**7-10** 寸法の集中の解説図

7-5-6　本体①の主投影図

　課題図の主投影図は、**図7-11** に示した様にウォーム軸⑤及び関連の軸受、軸受押さえ等を明確に描いてあり、関連部品を取除いて本体①を描くことができる。上部カバー②都の境界も単純平面構成で、収納されている出力軸⑦を支える円すいころ軸受⑮に関しては、左側面図に表現されている。唯一解読が難しいのは、軸受カバー⑧との関連部で、7-5-2項に詳しく解説してある。**図7-12** に主投影図の解答図を示した。

7-5-7　本体①の平面図

　課題図の平面図は、**図7-13** に示した様に、上部カバー②を取り去った状態が、部分断面図で描いてあり、容易に解読できる。深溝玉軸受⑫及び自動調心ころ軸受⑬のはめあい部は、断面図で描かれている。主投影図と同様に、軸受カバー⑧の関連部は難解であるが、7-5-2項に解説した。**図7-14** に平面図の解答図を示した。

7-5-8　本体①の左側面図

　課題図の左側面図は、**図7-15** に示したように、軸受押え⑪をのぞいた部分は、外形図が描かれておりそのまま解答図を描くことができる。軸受押え⑪及び軸受カバー⑧を取りのぞいた図形は、図7-7 に描かれており、その中心に部材①-9 及び深溝玉軸受⑫及び自動調心ころ軸受⑬を収納する穴の図形を描く。**図7-16** に左側面図の解答図を示した。

7-5-9　軸受カバー⑧

　軸受カバー⑧の解読の難しい部分は、図7-5 に示してあり、それに周辺を描くと**図7-17** に示したような図ができあがる。

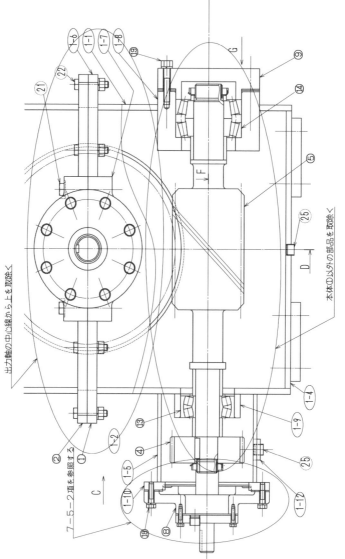

出力軸の中心線から上を取除く

7－5－2項を参照する

本体①以外の部品を取除く

図7-11 主投影図の解説図

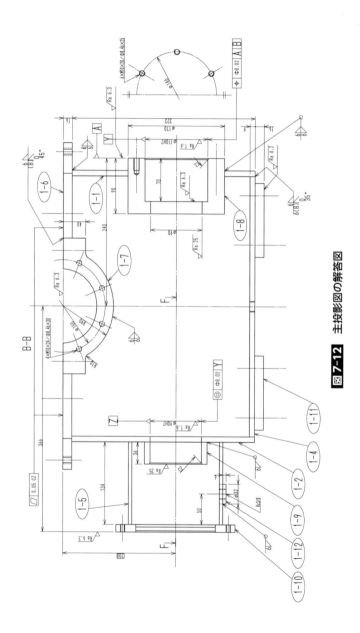

図7-12 主投影図の解答図

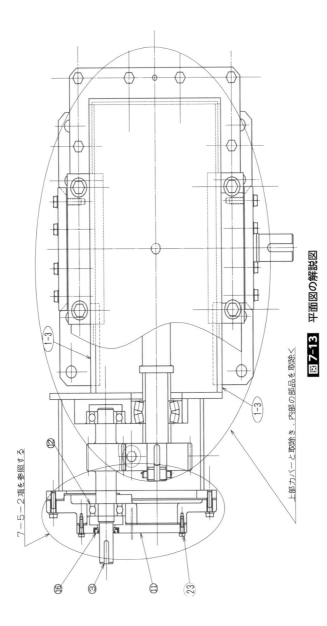

図**7-13** 平面図の解説図

7－5－2項を参照する

上部カバーと取除き、内部の部品を取除く

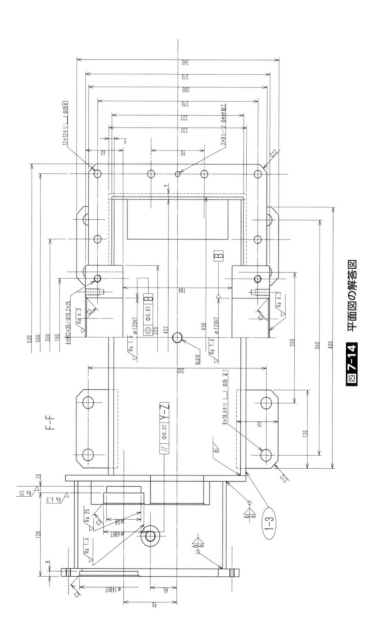

図 **7-14**　平面図の解答図

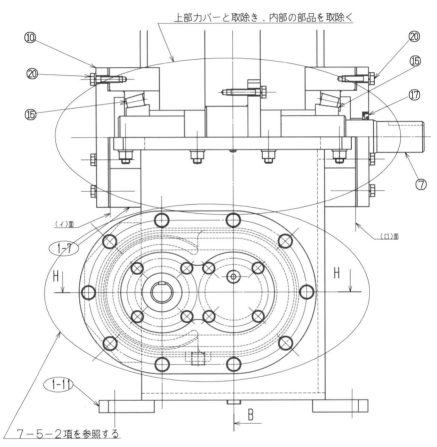

上部カバーと取除き、内部の部品を取除く

図7-15 左側面図の解説図

7-5-2項を参照する

106

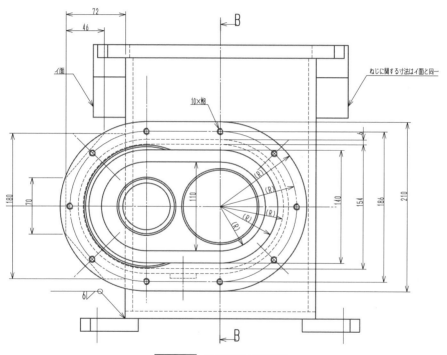

図7-16　左側面図の解答図

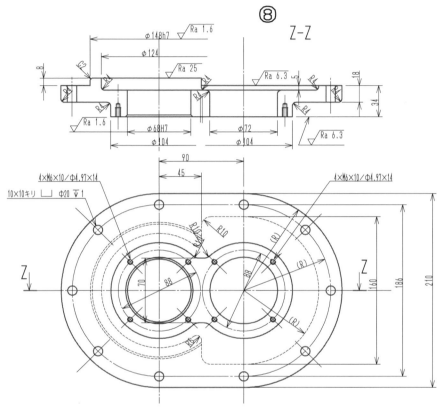

図 7-17 軸受カバー⑧の解答図

7-5-10 解答図

図 7-18 (巻末) に解答図の例を示した。

第8章

一級課題の計算問題の解読例
（1級実技試験準備）

機械・プラント製図技能士実技試験には、設計仕様から図面指示値を計算する問題が出される。過去に出題された問題を例にした、計算問題例を次に示す。

◇8-1　はめあいの計算Ⅰ（平成24年1級課題より）

　図8-1において、下記の条件により、スラスト玉軸受が入る穴の内径寸法の基準寸法と寸法許容差を計算する。**図8-2**にはめあいに関する用語を示す。

スラスト玉軸受の外径（軸に相当する）

　　　　上の寸法許容差：　　0mm

　　　　下の寸法許容差：　−0.016mm

スラスト玉軸受と、スラスト玉軸受が入る穴のはめあいで

　　　　最大すきま　　：　　0.055mm

　　　　最小すきま　　：　　0mm

となるように、穴寸法の基準寸法と寸法許容差を求める。

解　答

最大すきま　　　　　＝穴の上の寸法許容差−軸の下の寸法許容差

0.055　　　　　　　＝穴の上の寸法許容差−（−0.016）　の式を変形して

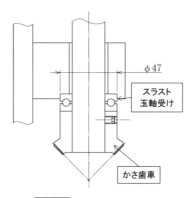

図8-1　はめあいの計算Ⅰ

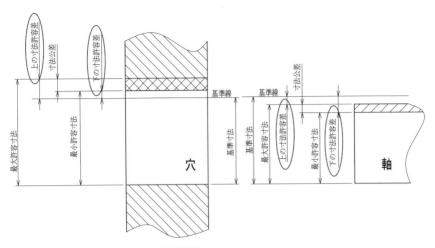

図 8-2　はめあいの用語

穴の上の寸法許容差 ＝ 0.055 ＋（－ 0.016）

　　　　　　　　　　＝ 0.039

最小すきま　　　　　＝ 穴の下の寸法許容差 － 軸の上の寸法許容差

0　　　　　　　　　 ＝ 穴の下の寸法許容差 － 0

穴の下の寸法許容差 ＝ 0 ＋ 0

　　　　　　　　　　＝ 0

基準寸法は図 8-1 から　Φ47

上の寸法許容差　　　　0.039

下の寸法許容差　　　　0

◇8-2　軸間距離の計算 I（平成 23 年 1 級課題より）

　図 8-3 に示した、電動機の中心軸と出力軸の中心軸は一致している。中間軸
⑧と出力軸⑬の軸間距離 X は、下記の仕様から算出する。関連寸法 Y は軸間中
心線が課題図に示す 30° 傾いた位置での計算値とする。

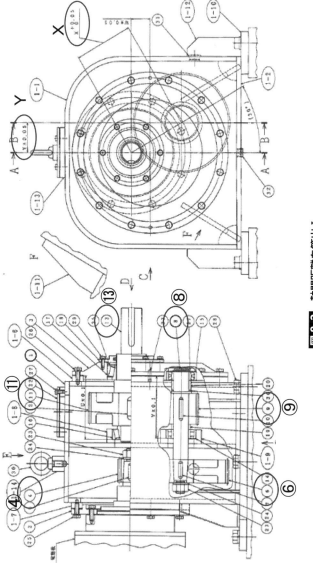

図 8-3 軸間距離を算出 I

仕様

　・減速比１：12、標準平歯車である。

　・歯車④は歯車⑥とかみ合っており、モジュール；４、歯数；15である。

　・歯車⑪は歯車⑨とかみ合っており、モジュール；３、歯数；75である。

解　答

歯車の基本式　ピッチ円直径＝歯数×モジュール

歯車④　モジュール：４　　歯数：$Z1 = 15$　　　→　　$D1 = 60$

歯車⑥　モジュール：４　　歯数：$Z2 =$　　　→　　$D2 =$

　　　　歯車⑥は歯車④とかみ合うことから、モジュールは同じである。

歯車⑨　モジュール：３　　歯数：$Z3 =$　　　→　　$D3 =$

　　　　歯車⑨は歯車⑪とかみ合うことから、モジュールは同じである。

歯車⑪　モジュール：３　　歯数：$Z4 = 75$　　→　　$D4 = 225$

　　　　未知数 $Z2$、$Z3$ 求める連立方程式で解く方法もあるが、共に整数である性質を使って解く方法を示す。

　軸間距離 X は、組み合わせる２つの歯車のピッチ円直径の合計の1/2であり、２組の歯車のピッチ円直径の合計は等しいことから、次の式が成立する。

　　　$D1 + D2 = D3 + D4$

　最終減速比１：12は次の式に表すことができ、次の式が成立する。

　　　$(Z2/Z1) \times (Z4/Z3) = 12$

　その組み合わせは

　　　3×4　、　4×3　、　2×6　、　6×2　、　2.5×4.8　……

と多く存在するが、代表的な組み合わせから成立性の検証をすると、

3×4 の場合

　　　$Z1 : Z2 = 1 : 3 = 15 : 45$　　　$Z3 : Z4 = 1 : 4 = ? : 75$

　　　$Z3$ は　$75 \div 4 = 18.75$　と端数になり不成立！！

　　　歯数75に対して　減速比１：４の歯車の組合せができない

4×3 の場合

　　　$Z1 : Z2 = 1 : 4 = 15 : 60$　　　$Z3 : Z4 = 1 : 3 = ? : 75$

Z3 は　75÷3＝25　整数となり成立する。

ピッチ円直径は

D1＝4×15＝60　　　　　　D2＝4×60＝240

D3＝3×25＝75　　　　　　D4＝3×75＝225

D1＋D2＝60＋240＝300

D3＋D4＝75＋225＝300　同じピッチとなり

X＝300÷2＝150

Y＝150×sin 30°＝150×0.5＝75　となる。

≪8-3　軸間距離の計算Ⅱ（平成22年1級課題より）

図8-4 に示したウォームとウォームホイールの軸間距離を求める。

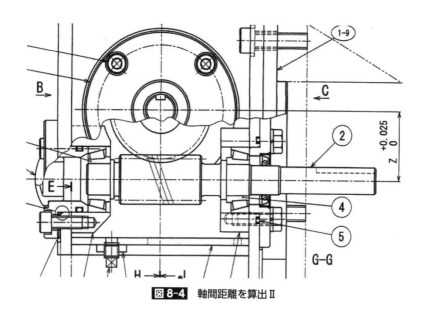

図8-4　軸間距離を算出Ⅱ

計算条件

- ・軸方向モジュール　　　　　$ma = 2.5\text{mm}$
- ・ウォームの基準ピッチ円直径　$d1 = 25.5\text{mm}$
- ・ウォームの条数　　　　　　$z1 = 1$ 条
- ・ウォームホイールの歯数　　$z2 = 25$ 枚

解　答

ウォームホイールの基準ピッチ円直径 $d2$ は

$$d2 = ma \times z2$$
$$= 2.5\text{mm} \times 25$$
$$= 62.5\text{mm}$$

軸間距離 z は

$$z = (d1 + d2) \div 2$$
$$= (25.5\text{mm} + 62.5\text{mm}) \div 2$$
$$= 44\text{mm} \qquad \text{となる。}$$

8-4　はめあいの計算Ⅱ（平成 21 年 1 級課題より）

図 8-5 に示した軸と軸受のはめあいが、クリアランス 0.25mm〜0.5mm の範囲になるように、軸の寸法を指示する。

計算条件

- ・軸受の内寸は　　Φ120.1 + 0.15〜 + 0.35　とする。
- ・軸の基準寸法を　Φ120　とする。

解　答

軸受内径　　最大値　120.45

　　　　　　最小値　120.25

最大クリアランス　0.5 ＝最大軸受内径－軸の最少外径

最小クリアランス　0.25＝最小軸受内径－軸の最大外径

上の式から

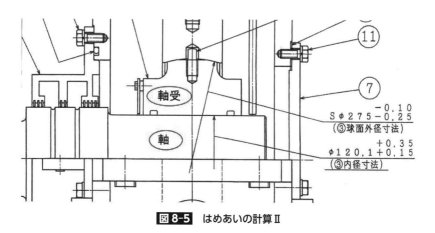

図8-5 はめあいの計算Ⅱ

軸の最大外径 = 最小軸受内径 − 0.25

     = 120.25 − 0.25

     = 120.00

軸の最少外径 = 最大軸受内径 − 0.5

     = 120.45 − 0.5

     = 119.95

基準寸法：Φ120

寸法公差 0

     − 0.05

 寸法公差は大きな数値（120 + 0 = 120）を上に、小さな数値（120 + (− 0.05) = 119.95）を下にして、"0"の位置を合わせて書きます。

8-5 六角ボルトの適正本数の計算（平成20年1級課題より）

 図8-6に示したウォーム変速機の、ウォーム軸を支える軸受ホルダーを締め付けるボルトの、最少本数を次の条件の下で算出する。

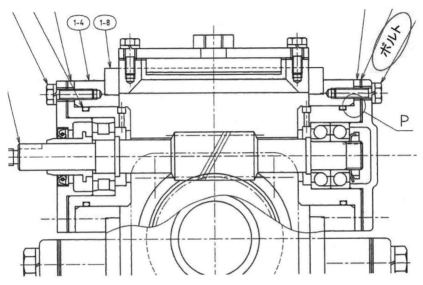

図8-6 六角ボルトの適正本数

計算条件（与数）

・Q ：原動機の最大トルク　　　　　15.7N·m

・D ：ウォームのピッチ円直径　　　 25mm

・γ ：ウォームの進み角　　　　　　 9.09°

・μ ：摩擦係数　　　　　　　　　　 0.05

・α ：ウォームの圧力角　　　　　　 20°

・dr ：ボルトの谷の径　　　　　　　 4.9mm

・σa ：ボルトの許容引張応力　　　　 53.9N/mm^2

・π ：円周率　　　　　　　　　　　 3.14

・cos20° = 0.940

計算条件（与式）

・$\tan \rho = \mu \div \cos\alpha$　　　　　　与式1

・$Q = 2 \times T \div D \times \tan(\gamma + \rho)$　　与式2

計算条件（未知数）

  ・Q：ウォームの軸方向（スラスト）の力　　　単位　N
  ・ρ：摩擦角　　　単位　°
  ・A：ボルト1本の断面積　　　単位　mm^2
  ・N：ボルトの本数　　　単位　本

解　答

  与式1を変形して摩擦角を算出する。

$$\rho = \arctan(\mu \div \cos \alpha)　　　注）　\arctan は \tan の逆関数$$
$$= \arctan(0.05 \div \cos 20°)$$
$$= \arctan(0.05 \div 0.940)$$
$$\fallingdotseq \arctan(0.0532)$$
$$\fallingdotseq 3.05$$

  与式2を用いてウォームの軸方向の力を計算する。（mm換算で計算する）

$$Q = 2 \times T \div D \times \tan(\gamma + \rho)$$
$$= 2 \times 15.7 \times 10^3 \div 25 \times \tan(9.09° + 3.05°)$$
$$\fallingdotseq 3.14 \times 10^4 \div 25 \times 0.2151$$
$$\fallingdotseq 5839　(N)$$

  ボルト1本の断面積は

$$A = 4.9 \times 4.9 \times 3.14 \times 0.25$$
$$\fallingdotseq 18.85　(mm^2)$$

  必要なボルト本数は

$$N = Q \div (A \times \alpha a)$$
$$= 5839 \div (18.85 \times 53.9)$$
$$\fallingdotseq 5.7$$

  よって、ボルトの適正本数は6本である。

≪8-6≫ 焼きばめの把持力（平成 19 年 1 級課題より）

　図 8-7 に示されたクランク軸に焼ばめされたスリーブの把持力を与えられた条件で算出する。

計算条件（与数）

- ・E ：縦弾性係数　　　　　　　$2 \times 10^5 \text{N/mm}^2$
- ・r1：スリーブの内半径　　　　11mm
- ・r2：スリーブの外半径　　　　14mm
- ・l ：スリーブの有効長さ　　　34mm
- ・μ ：接触面の摩擦係数　　　　0.1
- ・d1：　クランク軸の外直径　　Φ22r6 ＝ Φ22.028～Φ22.041
- ・d2：　スリーブの内直径　　　Φ22H6 ＝ Φ22.000～Φ22.013

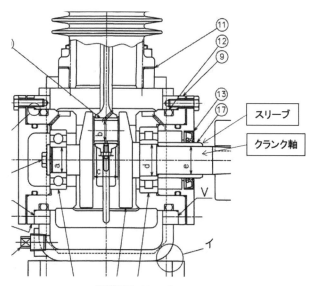

図8-7 焼きばめの把持力

計算条件（与式）

　・δmin：（d1min－d2max）÷2　　与式 1

　・Pmin：E×δmin÷[2×r1×{r2²÷(r2²－r1²)}]

計算条件（未知数）

　・δmin：最小しめしろ（半径分）　　単位　mm

　・Pmin：単位面積当たりの接触面の最小相互圧力　　単位 N/mm²

解　答

　与式 1 に数値を代入する

　・δmin＝（22.028－22.013）÷2

　　　　＝0.0075mm

　与式 2 に数値を代入する

　・Pmin＝2×10⁵×0.0075÷[2×11×{14²÷(14²－11²)}]

　　　　＝1500÷[22×{196÷(196－121)}]

　　　　≒26.09N/mm²

8-7　水きり溝の寸法（平成 18 年 1 級課題より）

　図 8-8 の E 部に示された主軸の水きり溝の適正寸法を計算し、条件を満足する軸径を 1mm 単位で指示する。

計算条件（与数）

　・P：主軸の最大伝達動力　　　　1.50KW

　・N：主軸の回転数　　　　　　　1440rpm

　・σ：主軸の溝部の許容せん断応力　　5.10MPa

計算条件（与式）

　・T＝9550×P（KW）÷N（rpm）　　与式 1

　・σ＝16×T÷（π×d³）　　　　　　与式 2

計算条件（未知数）

　・T：主軸トルク　　単位　Nm

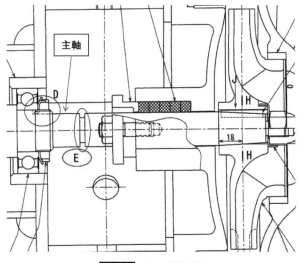

図8-8 水きり溝寸法

・d：水きり溝部の軸直径　m

解　答

与式1を用いて、主軸のトルクを算出する。

$$T = 9550 \times P \, (KW) \div N \, (rpm)$$

$$= 9550 \times 1.5 \div 1440$$

$$\fallingdotseq 9.948 \, (Nm)$$

与式2を変形して軸直径を求める

$$d^3 = 16 \times T \div (\pi \times \sigma)$$

$$= 16 \times 9.948 \div (3.14 \times 5.10 \times 10^6)$$

　　MPa を Pa に換算

$$\fallingdotseq 9.39 \times 10^{-6}$$

　　d の単位を mm に換算して 10^9 倍する

$$= 9.939 \times 10^{-6} \times 10^9$$

$$= 9939$$

表8-1 3乗根表

$\sqrt[3]{c} = a + b$　計算表

a＼b	b 0.0	0.1	0.2	0.3	0.4	0.5	0.6	0.7	0.8	0.9
12	c＝1728	1772	1816	1861	1907	1953	2000	2048	2097	2147
13	2197	2248	2300	2353	2406	2460	2515	2571	2628	2686
14	2744	2803	2863	2924	2986	3049	3112	3177	3242	3308
15	3375	3443	3512	3582	3652	3724	3796	3870	3944	4020
16	4096	4173	4252	4331	4411	4492	4574	4657	4742	4827
17	4913	5000	5088	5178	5268	5359	5452	5545	5640	5735
18	5832	5930	6029	6128	6230	6332	6435	6539	6645	6751
19	6859	6968	7078	7189	7301	7415	7530	7645	7762	7887
20	8000	8121	8242	8365	8490	8615	8742	8870	8999	9129
21	9261	9394	9528	9664	9800	9938	10080	10220	10360	10550
22	10650	10790	10940	11090	11240	11390	11540	11700	11850	12010
23	12170	12330	12490	12650	12810	12980	13140	13310	13480	13650
24	13820	14000	14170	14350	14530	14710	14890	15070	15250	15440

使用例：上の表で c＝5000 を見ると、a＝17、b＝0.1 すなわち 5000 の三乗根の近似値は、a＋b で、17.1 と読み取ることができる。

使用例：9939 の三乗根は、表の c＝9938 の a、b を読取り、a＋b から 21.5 を求める。

　表8-1、3乗根表の 9939 に最も近い 9938 から d を求めると、21.5 となり、1mm 単位に換算することにより

　　d＝22　となる。

◇◇8-8　キー幅の計算（平成 16 年 1 級課題より）

　図8-9に示された軸とプーリを接続する条件にあったキー幅を、7mm、8mm、10mm、12mm の中から選択する。

計算条件（与数）

　　・D ：カッター外径　　　Φ100mm

　　・Kc：刃先切削抵抗　　　1000N

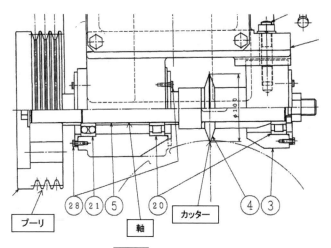

図 8-9 キー幅の算出

- ・d　：軸径　　　　　　　　38mm
- ・l　：キー長さ　　　　　　30mm
- ・σ　：キーの許容せん断許容応力　　75MPa
- ・S　：安全率　　　　　8

計算条件（与式）

- ・T＝Kc×D÷d　　　　　与式 1
- ・σa＝T÷(b×l)　　　　　与式 2
- ・σ≧σa×S　　　　　　　与式 3

計算条件（未知数）

- ・T　：キーに加わるせん断力　　　単位　N
- ・b　：キーの幅　　　　　　　　単位　mm
- ・σa：キーに加わるせん断応力　　単位　Pa
- ・σ1：キー幅 10mm のときのせん断応力　　単位　Pa

解　答

与式 1 を用いてキーに加わるせん断力を算出する。

T = 1000 × 100 ÷ 38N

≒ 2632N

与式2からキー幅10mmのときのキーに加わるせん断応力を求める。

σ1 = 2632 ÷ (10 × 30)

≒ 8.77　(N/mm²)

単位換算 N/mm² を N/m² (Pa) にすると 10⁶ 倍となる

= 8.77MPa

与式3から

σ ≧ σ1 × S

75 ≧ 8.77 × 8 = 70.16　で成立する

キー幅は 10mm となる。

参考：キー幅8mmではキーに加わるせん断応力に安全率を考慮すると、87.7となり、許容値75を超える。

8-9　ボルト本数とピン径の計算（平成 11 年 1 級課題より）

図 8-10 に示した六角穴付ボルトの本数と、ピストンと連結ロットを接続する平行ピンの適正サイズを算出する。戻しばねの力、摩擦力は考慮しなくてよい。平行ピンは、10mm、13mm、16mm、20mm の中から選定する。

計算条件（与数）

・F　：加工物の固定力　　　　　　40KN

・d　：ボルトの谷底径　　　　　　6.6mm

・σb：ボルトの引張許容応力　　　115MPa

・σp：平行ピンの許容せん断応力　90MPa

・la　：固定アームの固定長さ　　　46mm

・lb　：固定アームの連結長さ　　　85mm

計算条件（与式）

・Fp = F × l1 ÷ l2　　　　　　　　与式1

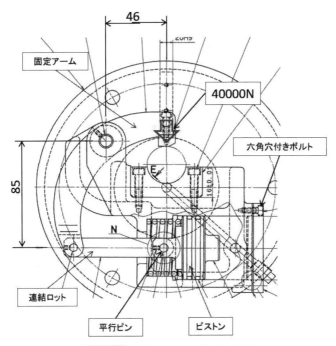

図 8-10 ボルト本数とピン径の算出

・A＝d×d×π÷4　　　　　与式 2

・σ1＝A×σb　　　　　　与式 3

・σ2＝dp×dp×π×0.25×σp　与式 4

計算条件（未知数）

・Fp：ピストンが発生する力　　　単位　KN

・A ：ボルトの有効断面積　　　　単位　mm^2

・σ1：ボルト１本あたりの許容引張応力　　単位　N

・dp：平行ピンの呼び径　　　　単位　mm

・σ2：平行ピンの許容せん断力　　単位　N

解　答

与式 1 からピストンが発生する力を算出する。

Fp = 40 × 46 ÷ 85

= 21.647KN

与式 2 からボルトの有効断面積を算出する。

A = 6.6 × 6.6 × 3.14 ÷ 4

≒ 34.2mm^2

与式 3 からボルト 1 本あたりの許容引張応力を算出する。

σ1 = 34.2mm^2 × 115Mpa

単位換算 mm^2 を m^2（Pa）にすると 10^{-6} 倍となる

MPa を Pa にすると 10^6 倍となる

= 34.2 × 10^{-6} × 115 × 10^6

= 3933

ボルトの必要本数は　Fp ÷ σ1 = 21647 ÷ 3933

≒ 5.5

ボルトの必要数は 6 本となる。

与式 4 から　呼び径 10mm の平行ピンの許容せん断力は

σ2(10) = 10 × 10 × 3.14 × 0.25 × 90

単位換算　m × 10^{-3} × m × 10^{-3} × Pa × 10^6

= 7065N でピストンの発生力より小さい

与式 4 から　呼び径 16mm の平行ピンの許容せん断応力は

σ2(16) = 7065 × 1.6 × 1.6

= 18086N でピストンの発生力より小さい

与式 4 から　呼び径 20mm の平行ピンの許容せん断力は

σ2(20) = 7065 × 2 × 2

= 28260N でピストンの発生力より大きい

呼び径 20mm の平行ピンを使用する。

8-10　ウォーム歯車の要目表（平成 10 年 1 級課題より）

表 8-2 に示した要目表の空欄部を計算する。

計算条件（与数）

　・表 8-2　ウォーム歯車の要目表に示す。

計算条件（与式）

　・ウォームの軸方向モジュール＝ウォームホイールの軸方向モジュール

　　　　　　　　　　　　　　　　　　　　　　　　　　　　　与式 1

　・基準ピッチ円直径＝軸方向モジュール×歯数　　　　　　　与式 2

　・tan（進み角）×ウォームピッチ円直径＝軸方向モジュール　与式 3

　図 8-11　ウォームの進み角　に示す。

表8-2　ウォーム歯車の要目表

ウォーム		ウオーム	ホイール
歯　　　形	JISB1723　3形	歯　　　形	JISB1723　3形
軸方向モジュール		軸方向モジュール	2
条　　　数	1	歯　　　数	60
ねじれ方向	右	基準ピッチ円直径	
基準ピッチ円直径			
進　み　角	4° 34′ 26″		

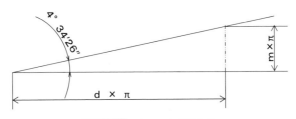

図8-11　ウォームの進み角

計算条件（未知数）

・m1＝ウォームの軸方向モジュール　　　　　　　単位　なし

・D2＝ウォームホイールの基準ピッチ円直径　　　単位　mm

・D1＝ウォームピッチ円直径　　　　　　　　　　単位　mm

解　答

与式１からウォームの軸方向モジュールは２である。

与式２からウォームホイールの基準ピッチ円直径は

2×60＝120　である。

与式３を変形してウォームの基準ピッチ円直径は

$D1 = m1 \div \tan 4°34'26''$

　　$= 2 \div 0.08$

　　$= 25$

◈8-11　面圧の計算（平成9年1級課題より）

図8-12 に示した減速機構において、反力受けロットを支える支点に組込む
ブッシュを、**表8-3**　ブッシュの規格表から選定する。

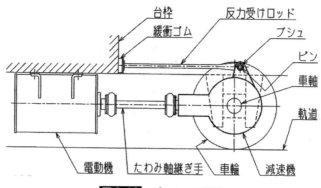

図8-12　ブッシュの面圧

表8-3 ブッシュの規格表

ブシュの種別	A	B	C	D	E
内　径（mm）	20	23	26	30	35
外　径（mm）	28	31	35	40	45
幅　　　（mm）	28				
ブシュ穴の寸法許容差	H9				

計算条件（与数）

- P　：電動機出力　　　　　40KW
- n　：定格回転数　　　　　1100rpm
- Z1：入力側歯車の歯数　　14
- Z2：出力側歯車の歯数　　71
- H　：車輪軸中心とブッシュ中心の距離　　　0.33m
- σa：ブッシュの許容面圧　10N/mm²
- b　：ブッシュの幅　　　　28mm

計算条件（与式）

- $T = 9550 \times P \div n$　　　　与式1
- $T_{max} = 3 \times T$　　　　　与式2
- $T_g = T_{max} \times (Z2 \div Z1)$　　与式3
- $F = T_g \div H$
- $\sigma = F \times H \div (d \times b)$　　　与式4

計算条件（未知数）

- d　　　：ブッシュの内径　　　　単位　mm
- σ　　　：ブッシュに加わる面圧　単位　N
- Tmax：電動機の最大トルク　単位　Nm
- Tg　　：減速機の最大トルク　単位　Nm
- F　　　：ブッシュに加わる力　単位　N

解　答

与式1から電動機の定格トルクは

$$T = 9550 \times 40 \div 1100$$
$$\fallingdotseq 347.3 \mathrm{Nm}$$

与式 2 から電動機の最大トルクは

$$T\mathrm{max} = 347.3 \times 3$$
$$\fallingdotseq 1042 \mathrm{Nm}$$

与式 3 から減速機の最大トルクは

$$Tg = 1042 \times (71 \div 14)$$
$$\fallingdotseq 5284 \mathrm{Nm}$$

与式 4 からブッシュに加わる力は

$$F = 5284 \div 0.33$$
$$\fallingdotseq 16012 \mathrm{N}$$

与式 5 と表 9-3 からブッシュ A〜E の面圧は

ブッシュ A	$\sigma A = 16012 \div 20 \div 28 \fallingdotseq 28.6$
ブッシュ B	$\sigma B = 16012 \div 23 \div 28 \fallingdotseq 24.9$
ブッシュ C	$\sigma C = 16012 \div 26 \div 28 \fallingdotseq 22.0$
ブッシュ D	$\sigma D = 16012 \div 30 \div 28 \fallingdotseq 19.1$
ブッシュ E	$\sigma E = 16012 \div 35 \div 28 \fallingdotseq 16.3$

ブッシュ 1 個では A〜E　すべて条件である　$10 \mathrm{N/mm}^2$ を満足しないことから、ブッシュ D を 2 個使用する。

◈8-12　はす歯歯車の要目表（平成 7 年 1 級課題より）

表 8-4 に示したはす歯歯車の要目表の空欄をうめる。

ねじれ方向は、図 8-13 に示したように左方向である。

基準ピッチ円直径は、要目表に示された基準ラックのモジュールから、ねじれ角に基づいて正面モジュールを算出し、歯数を掛けて求める。基準ラックモジュールと正面モジュールの関係は、図 8-14 に示したように

正面モジュール＝基準ラックモジュール÷cos（ねじれ角）であり

表 8-4　はすば歯車の要目表

はすば歯車		
歯　車　歯　形		標　準
歯　形　基　準　平　面		歯直角
基準ラック	歯　　形	並　歯
	モジュール	1.5
	圧　力　角	20°
歯　　　　数		45
ね　じ　れ　角		19°　22'12"
ね　じ　れ　方　向		
基準ピッチ円直径		

$$\begin{pmatrix} sin\ 19°\quad 22'12" = 0.33166 \\ cos\ 19°\quad 22'12" = 0.94339 \\ tan\ 19°\quad 22'12" = 0.35156 \end{pmatrix}$$

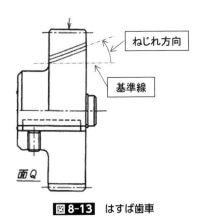

図 8-13　はすば歯車

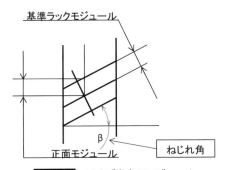

図 8-14　はすば歯車のモジュール

$$= 1.5 \div 0.94339$$

$$\fallingdotseq 1.5900$$

基準ピッチ円直径 ＝ 正面モジュール × 歯数

$$= 1.5900 \times 45$$

$$\fallingdotseq 71.55$$

である。

8-13　ボルトの強度から必要本数を求める（平成26年1級課題より）

　図 8-15 に示した六角ボルト㉖のねじの個数は、次の値を用いて算出し、出力軸②の軸方向（スラスト）の力耐える最も少ない個数を算出する。

　　　　出力軸②の軸方向（スラスト）の力 ：93,100N

　　　　ボルトの谷径 ：13.8mm

　　　　ボルトの許容引張応力 ：53.9N/mm²

ボルト1本の耐力は、

　　　　ボルトの谷径部の面積×ボルトの許容応力

　　　　= 13.8mm × 13.8mm × 0.25 × 3.14 × 53.9N

　　　　≒ 8058N

ボルトの必要本数は、

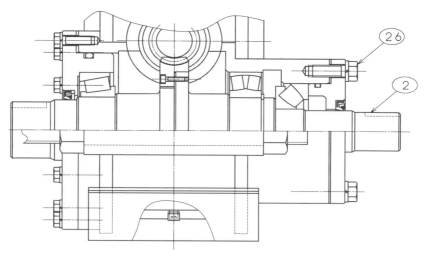

図 8-15 出力軸と締付ボルト

　軸方向の力÷ボルト 1 本の耐力

　　＝93100N÷8058N

　　≒11.55

　以上の結果から、ボルトの必要本数は 11.55 より大きな整数で、12 本となる

8-14　減速機の減速比を算出する（平成 27 年 1 級課題より）

　減速機は**図 8-16** に示した様に、電動機②のの回転力は、小径歯車③、大径歯車④、中間軸⑤、小かさ歯車⑥、大かさ歯車⑦及び出力軸⑧を介してプーリ⑨に伝達される。

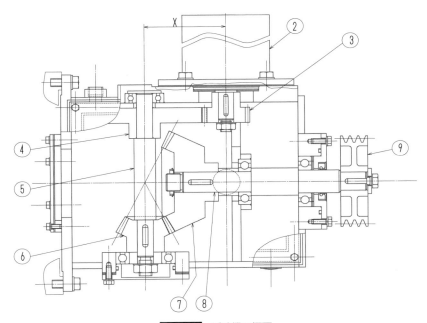

図 8-16　減速機の概要

表8-5 歯車仕様

仕様	歯車③	歯車④	歯車⑤	歯車⑥
モジュール	4	4	4	4
歯数	20	55	25	50
基準円直径（mm）	80	220	100	200

表8-5の歯車仕様から減速比を計算する。

小径歯車③と大径歯車④の減速比は、

　　歯数比で　$55 \div 20 = 2.75$

　　小かさ歯車⑥と大かさ歯車⑦の減速比は、

　　歯数比で　$50 \div 25 = 2$

　　全体の減速比は2つの減速比の積で

　　$2.75 \times 2 = 5.5$ となる

◇8-15　平歯車の要目表を完成する（平成28年1級課題より）

　減速機は**図**8-17に示した様に、軸一体型の歯車③を入力軸とし、歯車③とかみ合う歯車④に伝達されて、軸⑤を介して歯車⑥に伝達され、歯車⑥とかみ合う歯車⑦に伝達されて、軸⑧に出力される。

　表8-6に示した要目表の空欄は「歯車⑥の基準円直径」「歯車⑥と歯車⑦の中心距離」である。

　　歯車⑥の基準円直径は歯車のモジュール（5）と歯数（24）の積である

　　基準円直径 $= 5 \times 24 = 120$

　　中心距離は歯車⑥と歯車⑦の基準円半径の和である。

　　歯車⑥の基準円半径 $= 5 \times 24 \div 2 = 60$

　　歯車⑦の基準円半径 $= 5 \times 52 \div 2 = 130$

　　中心距離 $= 60 + 130 = 190$

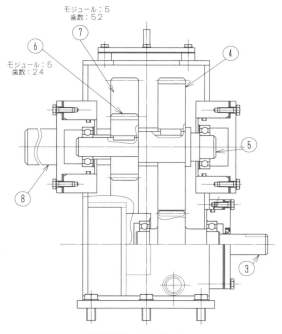

モジュール：5
歯数：52

モジュール：5
歯数：24

図8-17 減速機の概要

表8-6 平歯車⑥の要目表

平歯車	
歯車歯型	標準
歯形	並歯
モジュール	5
圧力角	20°
歯数	24
基準円直径	
相手歯数	52
中心距離	

8-16 寸法許容差を求める（平成 29 年 1 級課題より）

　図 8-18 に示す ΦD は、ブシュ⑫が入る穴の寸法の許容限界を示す基準寸法である。ブシュ⑫が入る穴の寸法の許容限界は、面 A 側と面 B 側で同じとする。基準寸法は 204mm とする。寸法の許容限界は、次の条件により上の寸法許容差と下の寸法許容差で示す。

設定条件
- ・ブシュ⑫の外径の上の寸法許容差：−0.015mm
- ・ブシュ⑫の外径の下の寸法許容差：−0.044mm
- ・最大すきま：0.090mm

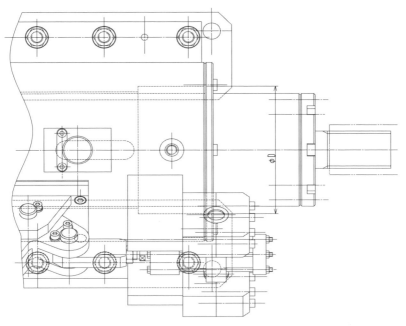

図 8-18　はめあい部の概要

・最小すきま：0.015mm

最大すきまは＝穴径の最大値－ブッシュの最小値　この式から

穴径の最大値は＝最大すきま＋ブッシュの最小値

$$= 0.090 + (-0.044)$$

$$= 0.046$$

最小すきまは＝穴径の最小値－ブッシュの最大値　この式から

穴径の最小値は＝最小すきま＋ブッシュの最大値

$$= 0.015 + (-0.015)$$

$$= 0$$

穴径の最大値は　204＋0.046mm

穴径の最小値は　204＋0mm

8-17　歯車仕様書の計算（平成 30 年 1 級課題より）

図 6-1（巻末：課題図の例（平成 30 年の 1 級課題より））に示した減速機は、**表 8-7** に示す歯車仕様書が与えられている。減速機の減速比は、1：15 である。歯車仕様の P、Q、S を求める計算式を示し、計算結果を表す。

P は歯車③の基準円直径でモジュールと歯数の積である。

P ＝ 3×60 ＝ 180mm

Q は歯車②と③の中心距離で、歯車②と③の基準円半径の和である。

表8-7　歯車仕様書

仕様	歯車②	歯車③	歯車④	歯車⑤	歯車⑥	歯車⑦
歯車歯形	標準	標準			標準	標準
モジュール	3	3	4	4	4	4
歯	20	60	20	40	20	60
基準円直径	60	P	80	160	80	240
中心距離	Q		—		S	
減速比	1：15					

歯車②の基準円半径 = モジュール × 歯数 ÷ 2

$$= 3 \times 20 \div 2$$

$$= 30\text{mm}$$

歯車③の基準円半径 = モジュール × 歯数 ÷ 2

$$= 3 \times 60 \div 2$$

$$= 90\text{mm}$$

Q = 30 + 90 = 120mm

S は歯車⑥と⑦の中心距離で、歯車⑥と⑦の基準円半径の和である。

歯車⑥の基準円半径 = モジュール × 歯数 ÷ 2

$$= 4 \times 20 \div 2$$

$$= 40\text{mm}$$

歯車⑦の基準円半径 = モジュール × 歯数 ÷ 2

$$= 4 \times 60 \div 2$$

$$= 120\text{mm}$$

S = 40 + 120 = 160mm

◈8-18 ボルトの強度から必要本数を求める（令和元年 1 級課題より）

図 7-1 （巻末：課題図の例（令和元年の 1 級課題より））に示した、六角ボルト⑲のねじの本数は、下記の値を用いて算出し、ウォーム軸⑤の軸方向（スラスト）の力に耐える最も少ない本数を図示する。

ウォーム軸⑤の軸方向の力　：16.5kN

ボルトの谷径　　　　　　　：8.37mm

ボルトの許容引張応力　　　：53.9N/mm²

ボルト 1 本の耐力は、

ボルトの谷径部の面積 × ボルトの許容応力

$$= 8.37\text{mm} \times 8.37\text{mm} \times 0.25 \times 3.14 \times 53.9\text{N}$$

$\fallingdotseq 2964\mathrm{N}$

ボルトの必要本数は、

軸方向の力 ÷ ボルト 1 本の耐力

$= 16500\mathrm{N} \div 2964\mathrm{N}$

$\fallingdotseq 5.5$

以上の結果から、ボルトの必要本数は 5.5 より大きな整数で、6 本となる。

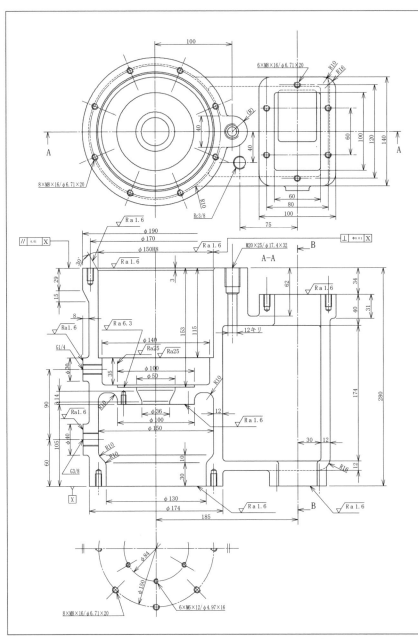

図2-15 解答図

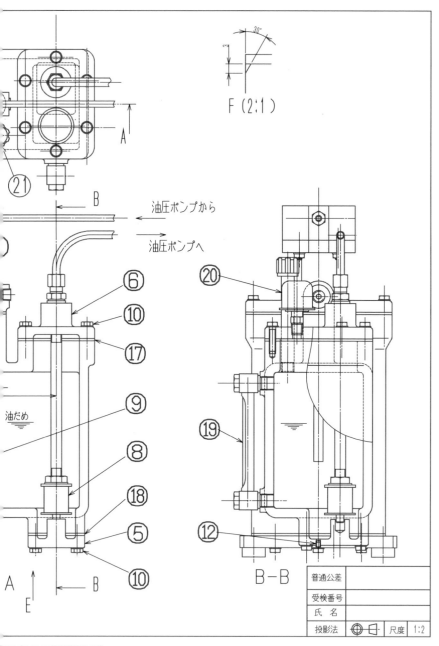

F (2:1)

油圧ポンプから

油圧ポンプへ

油だめ

B－B

普通公差	
受検番号	
氏　名	
投影法 ⊕ ⊟	尺度 1:2

29 年の 2 級課題より)

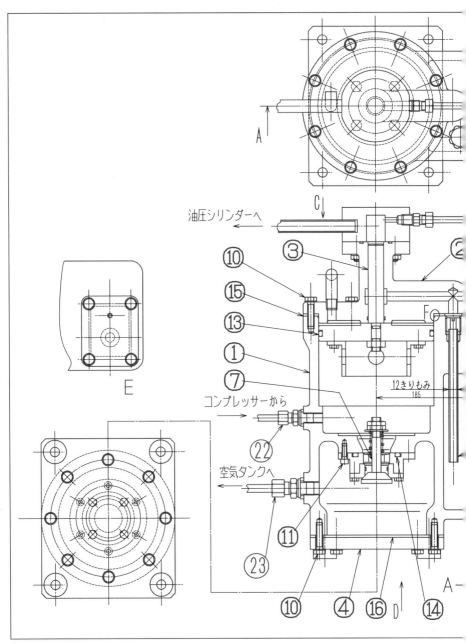

油圧シリンダーへ

コンプレッサーから

空気タンクへ

12きりもみ
185

⑩ ③ ②

⑮

⑬

①

⑦

㉒

⑪

㉓

⑩ ④ ⑯ ⑭

A —

C

E

D

F

図 2-1 課題図の例（平成

$\sqrt{}$ Rz200 $\left(\sqrt{}\right)$

鋳造部の指示のない角隅の丸みは、R4とする

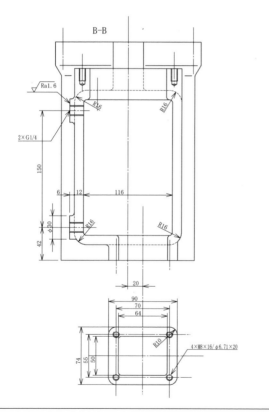

普通公差	
受検番号	
氏　名	
投影法 ⊕⊟	尺度 1:2

の例（平成 29 年 2 級）